"985 工程"

现代冶金与材料过程工程科技创新平台资助

"十二五"国家重点图书出版规划项目

现代冶金与材料过程工程丛书

热浸镀及相关技术研究

高　波　李世伟　著

科学出版社

北　京

内 容 简 介

钢铁材料在生产与生活中应用极其广泛。但由于其在使用的过程中随时会发生腐蚀,许多设备最终被废弃。在保护钢铁制品的现有技术中,应用较广泛的是热浸镀技术。本书在现有热浸镀技术的基础上,结合作者课题组多年的研究,在理论的基础上结合几种典型的镀层加以阐述。

本书可供高等院校冶金、材料及相关专业的教师、研究生参考,也可供工厂的科研、工程技术人员及业务负责人参考。

图书在版编目(CIP)数据

热浸镀及相关技术研究/高波,李世伟著.—北京:科学出版社,2016

(现代冶金与材料过程工程丛书/赫冀成主编)

ISBN 978-7-03-048022-4

Ⅰ.热… Ⅱ.①高… ②李… Ⅲ.热浸涂–研究 Ⅳ.TG174.443

中国版本图书馆 CIP 数据核字(2016)第 071629 号

责任编辑:张淑晓 高 微/责任校对:何艳萍
责任印制:徐晓晨 /封面设计:蓝正设计

科 学 出 版 社 出版
北京东黄城根北街16号
邮政编码:100717
http://www.sciencep.com

北京厚诚则铭印刷科技有限公司印刷

科学出版社发行 各地新华书店经销
*
2016年5月第 一 版 开本:720 ×1000 1/16
2017年1月第二次印刷 印张:11 3/4
字数:210 000
定价:80.00 元
(如有印装质量问题,我社负责调换)

《现代冶金与材料过程工程丛书》序

21 世纪世界冶金与材料工业主要面临两大任务：一是开发新一代钢铁材料、高性能有色金属材料及高效低成本的生产工艺技术，以满足新时期相关产业对金属材料性能的要求；二是要最大限度地降低冶金生产过程的资源和能源消耗，减少环境负荷，实现冶金工业的可持续发展。冶金与材料工业是我国发展最迅速的基础工业，钢铁和有色金属冶金工业承载着我国节能减排的重要任务。当前，世界冶金工业正向着高效、低耗、优质和生态化的方向发展。超级钢和超级铝等更高性能的金属材料产品不断涌现，传统的工艺技术不断被完善和更新，铁水炉外处理、连铸技术已经普及，直接还原、近终形连铸、电磁冶金、高温高压溶出、新型阴极结构电解槽等已经开始在工业生产上获得不同程度的应用。工业生态化的客观要求，特别是信息和控制理论与技术的发展及其与过程工业的不断融合，促使冶金与材料过程工程的理论、技术与装备迅速发展。

《现代冶金与材料过程工程丛书》是东北大学在国家"985 工程"科技创新平台的支持下，在冶金与材料领域科学前沿探索和工程技术研发成果的积累和结晶。丛书围绕冶金过程工程，以节能减排为导向，内容涉及钢铁冶金、有色金属冶金、材料加工、冶金工业生态和冶金材料等学科和领域，提出了计算冶金、自蔓延冶金、特殊冶金、电磁冶金等新概念、新方法和新技术。丛书的大部分研究得到了科学技术部"973"、"863"项目，国家自然科学基金重点和面上项目的资助(仅国家自然科学基金项目就达近百项)。特别是在"985 工程"二期建设过程中，得到 1.3 亿元人民币的重点支持，科研经费逾 5 亿元人民币。获得省部级科技成果奖 70 多项，其中国家级奖励 9 项；取得国家发明专利 100 多项。这些科研成果成为丛书编撰和出版的学术思想之源和基本素材之库。

以研发新一代钢铁材料及高效低成本的生产工艺技术为中心任务，王国栋院士率领的创新团队在普碳超级钢、高等级汽车板材以及大型轧机控轧控冷技术等方面取得突破，成果令世人瞩目，为宝钢、首钢和攀钢的技术进步做出了积极的贡献。例如，在低碳铁素体/珠光体钢的超细晶强韧化与控制技术研究过程中，提出适度细晶化($3\sim5\mu m$)与相变强化相结合的强化方式，开辟了新一代钢铁材料生产的新途径。首次在现有工业条件下用 200MPa 级普碳钢生产出 400MPa 级超级钢，在保证韧性前提下实现了屈服强度翻番。在研究奥氏体再结晶行为时，引入时间轴概念，明确提出低碳钢在变形后短时间内存在奥氏体未在结晶区的现象，为低碳钢的控制轧制提供了理论依据；建立了有关低碳钢应变诱导相变研究的系统而严密的试验方法，解决了低碳钢高温变形后的组织固定问题。适当控制终轧温度和压下量分配，通过控制轧后冷却和卷取温度，利用普通低碳钢生产出铁素体晶粒为 3~5μm、屈服强度大于 400MPa，具有良好综合性能的超级钢，并成功地应用于汽车工业，该成果获得 2004 年国家科技进步奖一等奖。

宝钢高等级汽车板品种、生产及使用技术的研究形成了系列关键技术(例如，超低碳、氮和氧的冶炼控制等)，取得专利 43 项(含发明专利 13 项)。自主开发了183 个牌号的新产品，在国内首次实现高强度 IF 钢、各向同性钢、热镀锌双相钢和冷轧相变诱发塑性钢的生产。编制了我国汽车板标准体系框架和一批相关的技术标准，引领了我国汽车板业的发展。通过对用户使用技术的研究，与下游汽车厂形成了紧密合作和快速响应的技术链。项目运行期间，替代了至少 50%的进口材料，年均创利润近 15 亿元人民币，年创外汇 600 余万美元。该技术改善了我国冶金行业的产品结构并结束了国外汽车板对国内市场的垄断，获得 2005 年国家科技进步奖一等奖。

提高 C-Mn 钢综合性能的微观组织控制与制造技术的研究以普碳钢和碳锰钢为对象，基于晶粒适度细化和复合强化的技术思路，开发出综合性能优良的400~500MPa 级节约型钢材。解决了过去采用低温轧制路线生产细晶粒钢时，生产节奏慢、事故率高、产品屈强比高以及厚规格产品组织不均匀等技术难题，获得 10 项发明专利授权，形成工艺、设备、产品一体化的成套技术。该成果在钢铁生产企业得到大规模推广应用，采用该技术生产的节约型钢材产量到 2005 年年底超过 400 万 t，到 2006 年年底，国内采用该技术生产低成本高性能钢材累计产量超过 500 万 t。开发的产品用于制造卡车车轮、大梁、横臂及桥梁等结构件。由于节省了合金元素、降低了成本、减少了能源资源消耗，其社会效益巨大。该成果获 2007 年国家技术发明奖二等奖。

首钢 3500mm 中厚板轧机核心轧制技术和关键设备研制，以首钢 3500mm 中厚板轧机工程为对象，开发和集成了中厚板生产急需的高精度厚度控制技术、TMCP 技术、控制冷却技术、平面形状控制技术、板凸度和板形控制技术、组织性能预测与控制技术、人工智能应用技术、中厚板厂全厂自动化与计算机控制技术等一系列具有自主知识产权的关键技术，建立了以 3500mm 强力中厚板轧机和加速冷却设备为核心的整条国产化的中厚板生产线，实现了中厚板轧制技术和重大装备的集成和集成基础上的创新，从而实现了我国轧制技术各个品种之间的全面、协调、可持续发展以及我国中厚板轧机的全面现代化。该成果已经推广到国内 20 余家中厚板企业，为我国中厚板轧机的改造和现代化做出了贡献，创造了巨大的经济效益和社会效益。该成果获 2005 年国家科技进步奖二等奖。

在国产 1450mm 热连轧关键技术及设备的研究与应用过程中，独立自主开发的热连轧自动化控制系统集成技术，实现了热连轧各子系统多种控制器的无隙衔接。特别是在层流冷却控制方面，利用有限元素流分析方法，研发出带钢宽度方向温度均匀的层冷装置。利用自主开发的冷却过程仿真软件包，确定了多种冷却工艺制度。在终轧和卷取温度控制的基础之上，增加了冷却路径控制方法，提高了控冷能力，生产出了×75管线钢和具有世界先进水平的厚规格超细晶粒钢。经过多年的潜心研究和持续不断的工程实践，将攀钢国产第一代1450mm热连轧机组改造成具有当代国际先进水平的热连轧生产线，经济效益极其显著，提高了国内热连轧技术与装备研发水平和能力，是传统产业技术改造的成功典范。该成果获2006年国家科技进步奖二等奖。

以铁水为主原料生产不锈钢的新技术的研发也是值得一提的技术闪光点。该成果建立了K-OBM-S冶炼不锈钢的数学模型，提出了铁素体不锈钢脱碳、脱氮的机理和方法，开发了等轴晶控制技术。同时，开发了K-OBM-S转炉长寿命技术、高质量超纯铁素体不锈钢的生产技术、无氩冶炼工艺技术和连铸机快速转换技术等关键技术。实现了原料结构、生产效率、品种质量和生产成本的重大突破。主要技术经济指标国际领先，整体技术达到国际先进水平。K-OBM-S平均冶炼周期为53min，炉龄最高达到703次，铬钢比例达到58.9%，不锈钢的生产成本降低10%~15%。该生产线成功地解决了我国不锈钢快速发展的关键问题——不锈钢废钢和镍资源短缺，开发了以碳氮含量小于120ppm的409L为代表的一系列超纯铁素体不锈钢品种，产品进入我国车辆、家电、造币领域，并打入欧美市场。该成果获得2006年国家科技进步奖二等奖。

以生产高性能有色金属材料和研发高效低成本生产工艺技术为中心任务，先后研发了高合金化铝合金预拉伸板技术、大尺寸泡沫铝生产技术等，并取得显著进展。高合金化铝合金预拉伸板是我国大飞机等重大发展计划的关键材料，由于合金含量高，液固相线温度宽，铸锭尺寸大，铸造内应力高，所以极易开裂，这是制约该类合金发展的瓶颈，也是世界铝合金发展的前沿问题。与发达国家采用的技术方案不同，该高合金化铝合金预拉伸板技术利用低频电磁场的强贯穿能力，改变了结晶器内熔体的流场，显著地改变了温度场，使液穴深度明显变浅，铸造内应力大幅度降低，同时凝固组织显著细化，合金元素宏观偏析得到改善，铸锭抵抗裂纹的能力显著增强。为我国高合金化大尺寸铸锭的制备提供了高效、经济的新技术，已投入工业生产，为国防某工程提供了高质量的铸锭。该成果作为"铝资源高效利用与高性能铝材制备的理论与技术"的一部分获得了2007年的国家科技进步奖一等奖。大尺寸泡沫铝板材制备工艺技术是以共晶铝硅合金(含硅12.5%)为原料制造大尺寸泡沫铝材料，以A356铝合金(含硅7%)为原料制造泡沫铝材料，以工业纯铝为原料制造高韧性泡沫铝材料的工艺和技术。研究了泡沫铝材料制造过程中泡沫体的凝固机制以及生产气孔均匀、孔壁完整光滑、无裂纹泡沫铝产品的工艺条件；研究了控制泡沫铝材料密度和孔径的方法；研究了无泡层形成原因和抑制措施；研究了泡沫铝大块体中裂纹与大空腔产生原因和控制方法；研究了泡沫铝材料的性能及其影响因素等。泡沫铝材料在国防军工、轨道车辆、航空航天和城市基础建设方面具有十分重要的作用，预计国内市场年需求量在 20 万 t 以上，产值 100 亿元人民币，该成果获 2008 年辽宁省技术发明奖一等奖。

围绕最大限度地降低冶金生产过程中资源和能源的消耗，减少环境负荷，实现冶金工业的可持续发展的任务，先后研发了新型阴极结构电解槽技术、惰性阳极和低温铝电解技术和大规模低成本消纳赤泥技术。例如，冯乃祥教授的新型阴极结构电解槽的技术发明于 2008 年 9 月在重庆天泰铝业公司试验成功，并通过中国有色工业协会鉴定，节能效果显著，达到国际领先水平，被业内誉为"革命性的技术进步"。该技术已广泛应用于国内 80%以上的电解铝厂，并获得"国家自然科学基金重点项目"和"国家高技术研究发展计划（'863'计划)重点项目"支持，该技术作为国家发展和改革委员会"高技术产业化重大专项示范工程"已在华东铝业实施 3 年，实现了系列化生产，槽平均电压为 3.72V，直流电耗 12 082kW·h/t Al，吨铝平均节电 1123kW·h。目前，新型阴极结构电解槽的国际推广工作正在进行中。初步估计，在 4~5 年内，全国所有电解铝厂都能将现有电解槽改为新型电解槽，届时全国电解铝厂一年的节电量将超过我国大型水电站——葛洲坝一年的发电量。

在工业生态学研究方面，陆钟武院士是我国最早开始研究的著名学者之一，因其在工业生态学领域的突出贡献获得国家光华工程大奖。他的著作《穿越"环境高山"——工业生态学研究》和《工业生态学概论》，集中反映了这些年来陆钟武院士及其科研团队在工业生态学方面的研究成果。在煤与废塑料共焦化、工业物质循环理论等方面取得长足发展；在废塑料焦化处理、新型球团竖炉与煤高温气化、高温贫氧燃烧一体化系统等方面获多项国家发明专利。

依据热力学第一定律和第二定律，提出钢铁企业燃料(气)系统结构优化，以及"按质用气、热值对口、梯级利用"的科学用能策略，最大限度地提高了煤气资源的能源效率、环境效率及其对企业节能减排的贡献率；确定了宝钢焦炉、高炉、转炉三种煤气资源的最佳回收利用方式和优先使用顺序，对煤气、氧气、蒸气、水等能源介质实施无人化操作、集中管控和经济运行；研究并计算了转炉煤气回收的极限值，转炉煤气的热值、回收量和转炉工序能耗均达到国际先进水平；在国内首先利用低热值纯高炉煤气进行燃气蒸气联合循环发电。高炉煤气、焦炉煤气实现近"零"排放，为宝钢创建国家环境友好企业做出重要贡献。作为主要参与单位开发的钢铁企业副产煤气利用与减排综合技术获得了 2008 年国家科技进步奖二等奖。

另外，围绕冶金材料和新技术的研发及节能减排两大中心任务，在电渣冶金、电磁冶金、自蔓延冶金、新型炉外原位脱硫等方面都取得了不同程度的突破和进展。基于钙化碳化的大规模消纳拜耳赤泥的技术，有望攻克拜耳赤泥这一世界性难题；钢焖渣水除疤循环及吸收二氧化碳技术及装备，使用钢渣循环水吸收多余二氧化碳，大大降低了钢铁工业二氧化碳的排放量。这些研究工作所取得的新方法、新工艺和新技术都会不同程度地体现在丛书中。

总体来讲，《现代冶金与材料过程工程丛书》集中展现了东北大学冶金与材料学科群体多年的学术研究成果，反映了冶金与材料工程最新的研究成果和学术思想。尤其是在"985 工程"二期建设过程中，东北大学材料与冶金学院承担了国家 I 类"现代冶金与材料过程工程科技创新平台"的建设任务，平台依托冶金工程和材料科学与工程两个国家一级重点学科、连轧过程与控制国家重点实验室、材料电磁过程教育部重点实验室、材料微结构控制教育部重点实验室、多金属共生矿生态化利用教育部重点实验室、材料先进制备技术教育部工程研究中心、特殊钢工艺与设备教育部工程研究中心、有色金属冶金过程教育部工程研究中心、国家环境与生态工业重点实验室等国家和省部级基地，通过学科方向汇聚了学科与基地的优秀人才，同时也为丛书的编撰提供了人力资源。丛书聘请中国工程院陆钟武院士和王国栋院士担任编委会学术顾问，国内知名学者担任编委，汇聚了优秀的作者队伍，其中有中国工程院院士、国务院学科评议组成员、国家杰出青年科学基金获得者、学科学术带头人等。在此，衷心感谢丛书的编委会成员、各位作者以及所有关心、支持和帮助编辑出版的同志们。

希望丛书的出版能起到积极的交流作用，能为广大冶金和材料科技工作者提供帮助。欢迎读者对丛书提出宝贵的意见和建议。

赫冀成　张廷安

2011 年 5 月

前　言

钢铁材料作为一种重要的工业材料,具有资源丰富、生产规模大、易于加工、性能多样可靠、价格低廉、使用方便和便于回收等特点,在工业生产及生活中应用极为广泛。但在使用的过程中,普通的钢铁几乎时刻都在发生着腐蚀。钢铁材料受到腐蚀后,除了自身直接损耗以外,其结构及受力强度均发生极大的变化而最终导致设备的报废,废材料的反复冶炼也会再次消耗能源和污染环境。虽然防腐技术措施在不断发展,使腐蚀问题得到了一些缓解,但总的来说,金属的腐蚀问题依然十分严峻。

为了有效地防止和减少腐蚀的产生,就要对钢材进行表层保护,使其与周围环境隔离开来。在众多的保护措施中,热浸镀锌可以很好地减缓钢铁腐蚀,延长其使用寿命,并且具有成本低、工艺简单、镀层牢固、外观好等优点,因此应用极其广泛。尤其是近年来由单纯的锌镀层向多元合金镀层的发展,使得镀层的耐蚀性有了极大的提高。与传统镀锌层相比,合金镀层具有耐蚀性更高、镀层附着性好、表面质量优良、生产成本变化不大及镀层厚度较薄等优点,在生产生活中得到了极大的应用与推广。

从 20 世纪 60 年代开始,国外的一些钢铁公司相继研发出几种商业化的高耐蚀性合金镀层,如 Galfan、Galvalume、Super Dyma 和 ZAM 等,虽然上述几种镀层已经得到大规模的生产与应用,但由于受到国外专利的保护,在我国无法自主生产。我国虽然是钢铁大国,但面临着产能过剩的局面,因此生产高品质、高附加值的产品已成为当前钢铁企业的发展方向。另外,近年来我国的汽车行业、通信业、家电业及房地产等大量消耗镀锌产品的行业发展旺盛,为我国的镀锌产业提供了很好的机遇。

基于以上事实,我们撰写了本书,目的是给从事热浸镀行业的人们一些理论指导和帮助。本书主要包括以下几个部分的内容。

第一部分:热浸镀技术的基础理论介绍。该部分主要在本书的第 1 章阐述,主要介绍生活中对钢铁制品的保护措施及防腐蚀的方案,并说明用热浸镀的方法对钢材进行保护的原理及重要性。

第二部分:热浸镀技术的工艺及商业化产品。该部分主要在本书的第 2、3 章阐述,重点介绍热浸镀技术的工艺流程及影响因素,指出现有的市场化的热浸镀钢板产品及其优缺点。

第三部分:本课题组近年来对几种典型镀层的改性研究。该部分主要在本书的第 4、5、6、7 章阐述，主要说明近年来本课题组的工作——添加合金元素对 Zn-6Al-3Mg 镀层、Zn-23Al-0.3Si 镀层、Zn-55Al-1.6Si 镀层及 Zn-5Al-0.1RE 镀层的形貌及性能的影响。

第四部分：环保型钝化处理技术及对锌花的研究，最后对热浸镀行业的发展进行展望。该部分为第 8 章和第 9 章，主要介绍热浸镀钢板的后期钝化处理工艺及本实验室对环保型无铬钝化液和对锌花的研究，最终讨论热浸镀行业的发展前景及趋势。

在本书的撰写过程中，作者参考了大量的国内外文献及资料。由于篇幅所限，不能一一列举，在此表示深深的谢意。博士研究生朱广林，硕士研究生董立洋、高超参与了书稿的校对工作，在此致以诚挚的谢意。

由于作者经验及水平有限，书中难免有不当之处，诚请同行和读者给予批评和指正。

作　者

2015 年 11 月于东北大学稀冶楼

目　　录

第1章　钢铁材料的腐蚀与防护

材料腐蚀问题涉及国民经济的各个领域。从日常生活到交通运输、机械、化工、冶金，从尖端科技到国防工业，凡是使用材料的地方，都不同程度地存在腐蚀问题。腐蚀给社会带来巨大的经济损失，造成了灾难性事故，消耗了宝贵的资源与能源，污染了环境。据统计，对于工业上应用最广泛的钢铁材料，世界上每年因腐蚀而损失掉总量的1/5。

钢铁材料由于长时间暴露在大气中，表面会发生化学腐蚀(金属与接触到的物质 SO_2、Cl_2、O_2 等直接发生化学反应)和电化学腐蚀(金属与电解质接触发生的金属被氧化的过程)。

在实际的生产生活中，如果对金属材料采取适当的保护措施，不仅能延长其寿命，还能降低成本。此外，其他行业如化学、化工、石油、核电、热能等，几乎所有的行业在设计时都必须考虑一定的保护措施。

因此，对材料的腐蚀与防护的研究相当重要，金属的防腐技术也得到了相应的发展和提高。人们在不断的研究中找到了各种防腐措施，主要包括改变金属本身特性、改变金属所处环境和对金属表面进行处理等。

对金属材料的保护措施主要包括：

（1）改变金属结构法(在普通钢材中加入合金元素铬和镍等制成不锈钢，提高其耐蚀性)。

（2）电化学保护法(利用原电池原理对金属进行保护)。

（3）改变腐蚀环境法(改变材料所处的温度、湿度及酸碱度等环境条件)。

（4）保护层法(在金属表面覆盖保护层，使其与腐蚀介质隔离)。

相比之下，热浸镀法处理钢材是最常见、最经济的耐腐蚀工艺之一。

1.1　钢铁材料的腐蚀类型及过程机理

总的来说，钢铁的腐蚀按原理可分为化学腐蚀和电化学腐蚀两大类，而各类又有很多种情况。当然，在一般情况下发生的是电化学腐蚀。这里对两类腐蚀的原理进行叙述。

1.1.1　化学腐蚀

金属材料与干燥气体或非电解质直接发生化学反应而引起的破坏称为化学腐

蚀。钢铁材料在高温气体环境中发生的腐蚀，通常属于化学腐蚀，在实际生产过程中(冶炼轧制)常遇到以下类型的化学腐蚀。

(1) 钢铁的高温氧化：钢铁材料在空气中加热时，铁与空气中的 O_2 发生化学反应，在 570℃ 以下生成的 Fe_3O_4，阻止 O_2 与 Fe 的继续反应，起到保护膜的作用。570℃ 以上生成以 FeO 为主要成分的氧化皮渣，在高温下 O_2 可以继续与 Fe 反应，而使腐蚀向深层发展，得到 FeO。

不仅空气中的氧气会造成钢铁的高温氧化，高温环境中的 CO_2、水蒸气也会造成钢铁的高温氧化，温度对钢铁高温氧化影响极大，温度升高，腐蚀速度显著增加。因此，钢铁材料在高温氧化性介质(O_2、CO_2、H_2O 等)中加热时，会造成严重的氧化腐蚀。

(2) 高温硫化：钢铁材料在高温下与含硫介质(硫、硫化氢等)作用，生成硫化物而损坏的过程称为高温硫化。高温硫化反应一般发生在钢铁材料表面的晶界，逐步沿晶界向内部扩展。高温硫化后的构件机械强度显著下降，以致整个构件报废。在采油、炼油及高温化工生产中，常会发生高温硫化腐蚀，应该引起注意。

1.1.2　电化学腐蚀

在一般的使用环境下，钢铁的腐蚀属于电化学腐蚀。电化学腐蚀是金属与电解质作用所发生的腐蚀，它的特点是在腐蚀过程中伴随着电流的产生。钢材、生铁、熟铁都不是纯铁，是 Fe 和 C 的合金。在有水和空气的条件下，Fe 和 C 形成原电池，Fe 充当负极，C 充当正极，吸收 O_2，Fe 被氧化。原电池反应要比单纯的化学腐蚀快很多，所以铁锈的生成过程主要是 Fe-C 原电池发生吸氧腐蚀的过程。按照反应过程中氧元素是否有电子得失，可将电化学腐蚀分为析氢腐蚀和吸氧腐蚀两类。

(1) 析氢腐蚀：水膜中 H^+ 在阴极得电子后放出 H_2，同时 H_2O 不断电离，OH^- 浓度升高并向整个水膜扩散，使 Fe^{2+} 与 OH^- 相互结合形成 $Fe(OH)_2$ 沉淀，而 $Fe(OH)_2$ 还可继续氧化成 $Fe(OH)_3$：

阳极反应：$Fe - 2e^- \longrightarrow Fe^{2+}$

阴极反应：$2H^+ + 2e^- \longrightarrow H_2$

总反应：$4Fe(OH)_2 + 2H_2O + O_2 \longrightarrow 4Fe(OH)_3$

$Fe(OH)_3$ 可脱水形成 $nFe_2O_3 \cdot mH_2O$，$nFe_2O_3 \cdot mH_2O$ 是铁锈的主要成分。由于这种腐蚀有 H_2 析出，故称为析氢腐蚀。

(2) 吸氧腐蚀：水溶液中通常溶有 O_2，它比 H^+ 更容易得到电子，在阴极上进行反应。

阴极反应：$O_2 + 2H_2O + 4e^- \longrightarrow 4OH^-$

阳极反应：$Fe - 2e^- \longrightarrow Fe^{2+}$

阴极产生的 OH^- 及阳极产生的 Fe^{2+} 向溶液中扩散，生成 $Fe(OH)_2$，进一步氧化生成 $Fe(OH)_3$，并转化为铁锈。这种腐蚀称为吸氧腐蚀。在较强酸性介质中，由于 H^+ 浓度大，钢铁以析氢腐蚀为主；在弱酸性或中性介质中，发生的腐蚀主要是吸氧腐蚀。

影响钢铁电化学腐蚀的因素很多，首先是金属所含的杂质元素。如果杂质元素比金属活泼，则形成微电池，因金属为阴极，故不易被腐蚀；如果金属比杂质活泼，则金属成为微电池的阳极而被腐蚀。其次是为保护钢铁基体而涂覆的保护层。如使用不当也会促使材料的腐蚀。

钢铁的腐蚀中除了大部分的化学腐蚀外，还有少部分的物理腐蚀，如应力腐蚀。它指的是金属中内应力或固定外应力促使腐蚀进行的过程。应力的存在使晶格发生畸变，原子处于不稳定状态，能量升高，电极电势下降，在腐蚀电池中成为阳极而首先受到破坏。

1.1.3　不同环境中钢铁的腐蚀

目前，钢铁材料广泛分布于各类环境中，在国民经济建设中也发挥着越来越重要的作用。但是 Fe 元素的化学活泼性较强，即便在常温常压下也能与空气中的 O_2、H_2O 等发生相互作用而使钢铁材料被腐蚀。环境因素对钢铁制品的腐蚀条件影响非常大，环境不同，其腐蚀机理也不尽相同，因此有必要对具体的使用环境阐释其腐蚀机制与影响因素。

1. 大气环境中钢铁的腐蚀

大气环境条件下的腐蚀是最古老的腐蚀形式之一，由于金属在自然环境中尤其大气环境中使用非常普遍，大气腐蚀一直是金属材料遭到破坏的一个重要原因。研究钢铁的大气腐蚀是一项十分重要的课题，而有关钢铁腐蚀机理的研究也一直备受关注。

钢铁的大气腐蚀速度与其所处的大气环境密切相关，主要表现为锈蚀。典型的大气腐蚀环境有三种类型：乡村大气、工业大气和海洋大气。在乡村大气中，影响大气腐蚀的主要因素是湿度和温度；在工业大气中，影响大气腐蚀的主要因素是 SO_2；而海洋大气中，影响大气腐蚀的主要因素是 Cl^-。这几种典型的类型都是研究大气腐蚀的重要方向。

2. 海洋环境中钢铁的腐蚀

海水的成分极为复杂，含有大量的无机盐类，是含盐浓度极高的天然电解质溶液，金属结构部件在海水中的腐蚀情况，除一般电化学腐蚀外，还有其特殊性。海洋环境下的腐蚀一般可分为海洋大气腐蚀和冲击区的腐蚀。

在海洋环境中，受潮汐和波浪作用而干湿交替的区域为浪花飞溅区。该区域是一个特殊的腐蚀环境，钢结构表面由于受到海水周期湿润、风浪冲击，所以经常处于干湿交替状态，从而对腐蚀过程起到促进作用，这些原因致使钢结构在浪花飞溅区腐蚀特别严重。

海洋大气中一般湿度相对较大，同时由于海水中含有氯化钠，所以对于海洋钢结构来说，空气的相对湿度都高于它的临界值。因此，海洋大气中的钢铁表面很容易形成有腐蚀性的水膜。薄水膜对钢铁作用而发生大气腐蚀的过程，符合电解质中电化学腐蚀的规律。这个过程的特点是氧特别容易到达钢铁表面，钢铁腐蚀速度受氧极化过程控制。

海洋环境下的腐蚀因素除了常见的湿度、温度、溶氧量和酸度外，还有含盐量(以 Cl^- 计)、海浪的冲击等。总的来说，随着海水含盐量的升高，海水的导电性增大，腐蚀加速；而溶氧量越大，铁锈生成越快、越多，加速阳极的腐蚀。

3. 土壤环境中钢铁的腐蚀

土壤是一类具有毛细管的多孔性物质，空隙中充满了空气和水，土壤中含有的盐类溶解在水中，成为电解质溶液，因此，埋设在土壤中的各类管道及金属设备具备了形成电化学腐蚀的条件，从而发生腐蚀损坏。土壤腐蚀是一种情况比较复杂的腐蚀过程，这是因为土壤中各部分含氧量不同，不同区域土壤具有不均匀性，金属零件或管材在土壤中埋没的深度不同，土壤的电导率、透气性、湿度、酸度、可溶盐含量和温度等均影响腐蚀电池的工作特性，甚至土壤中的微生物对金属腐蚀也有影响。

1.2　对钢铁材料的防护措施

从前面的原理分析可以看出，钢铁的腐蚀总的来说是 Fe 和环境中的腐蚀介质发生接触而被侵蚀，在这个过程中金属 Fe 在原电池中充当阳极而被氧化。在腐蚀性环境中，工作的钢材如果缺乏良好的防腐蚀保护，它的使用寿命会大大缩短，可靠性也会降低。对钢铁材料的腐蚀防护则可以分为表面处理即耐蚀材料表面喷涂和阴极保护两方面，钢材的防腐在长期实践中形成了各种不同的方式，常见的钢材防腐方式有以下几种。

1.2.1　合金钢保护法

金属材料在腐蚀性介质中所具有的抵抗介质侵蚀的能力，称为金属的耐蚀性。耐蚀性好的纯金属通常具备下述三个条件之一。

（1）热力学稳定性高：通常可用其标准电极电势来判断，其数值较正者稳定性较高；较负者则稳定性较低。耐蚀性好的贵金属，如 Pt、Au、Ag 等就属于这一类。

（2）易于钝化：不少金属可在氧化性介质中形成具有保护作用的致密氧化膜，这种现象称为钝化。金属中最容易钝化的是 Ti、Zr、Ta、Nb、Cr 和 Al 等。

（3）表面能生成难溶的和保护性能良好的腐蚀产物膜：这种情况只有在金属处于特定的腐蚀介质中才出现，如 Pb 和 Al 在 H_2SO_4 溶液中，Fe 在 H_3PO_4 溶液中，Mo 在 HCl 溶液中，以及 Zn 在大气中等。

因此，工业上根据上述原理，采用合金化方法获得一系列耐蚀合金，一般有相应的三种方法：

（1）提高金属或合金的热力学稳定性，即向原不耐蚀的金属或合金中加入热力学稳定性高的合金元素，使形成固溶体，同时提高合金的电极电势，增强其耐蚀性。例如，在 Cu 中加 Au，在 Ni 中加入 Cu、Cr 等，即属此类。然而这种方法在工业结构材料中的应用是有限的。

（2）加入易钝化合金元素，如 Cr、Ni、Mo 等，可提高基体金属的耐蚀性。在钢中加入适量的 Cr，即可制得铬系不锈钢。试验证明，在不锈钢中，含 Cr 量一般应大于13%时才能起耐蚀作用，Cr 含量越高，其耐蚀性越好。这类不锈钢在氧化介质中有很好的耐蚀性，但在非氧化性介质如稀硫酸和盐酸中，耐蚀性较差。这是因为非氧化性酸不仅不易使合金生成氧化膜，对氧化膜还有溶解作用。

（3）加入能促使合金表面生成致密的腐蚀产物保护膜的合金元素，是制取耐蚀合金的又一途径。例如，钢能耐大气腐蚀是由于其表面形成结构致密的化合物羟基氧化铁，它能起保护作用。钢中加入 Cu 与 P 或 P 与 Cr 均可促进这种保护膜的生成，由此可用 Cu、P 或 P、Cr 制成耐大气腐蚀的低合金钢。

1.2.2　涂层材料保护法

相比较而言，国内外使用最多的钢铁结构件防腐方法是涂料涂装，它具有适用面广、成本低、可操作性强等优点。不同类型的涂料对金属的保护原理却不尽相同，按涂料对金属的保护作用，可以将涂料进行以下几个方面的分类。

1. 屏蔽类涂料

这类涂料通常是涂覆在钢铁结构表面将金属表面和环境隔开，相对来说环境的各类腐蚀因子如 O_2、H^+ 等较难通过这层隔膜与基体发生作用，这种保护作用称为屏蔽作用。但是可以明显地看出，薄薄的一层涂料不可能起到太好的屏蔽作用，它的作用非常有限。

2. 缓蚀类涂料

这类涂料的内部成分会与金属发生反应，使金属表面钝化或生成保护性的物质以提高涂层的防护作用。

目前国内外使用最多的钢铁结构件防腐方法是有机涂料涂装。涂装防腐主要基于隔离机理，显然只有当涂层将钢铁基体与腐蚀环境完全隔离时，涂层才能有效地保护钢铁材料免于腐蚀。但是事实上几乎所有的有机涂料层都存在一些微小的"针孔"，当外界的腐蚀介质通过这些通道到达钢铁基体时，就在涂层与基体的界面处发生腐蚀。

3. 热浸镀镀层

钢材防腐可以采用热浸锌的方式完成，具体方法是将除锈后的钢材浸入高温融化的锌液中，在钢材的表面形成一层锌层，以达到对钢材防腐保护的效果。钢铁防腐采用热浸锌的方法，可以保证长久的耐腐蚀效果，因此热浸锌方法更适用于工业化生产，有很高的稳定性。钢铁防腐的另外一种常用方法是热喷涂铝锌复合涂层，这种钢铁防腐的效果持续时间与热浸锌相当。钢铁防腐采用热喷涂铝锌复合涂层的优点在于其施工工艺不受钢材构件的形状影响，且不会引起钢材构件的变形。

1.2.3 电化学保护法

钢铁的电化学保护法是以原电池理论为原理对金属进行防腐保护的方法，可分为阳极保护和阴极保护两个类别，其中阴极保护应用较多。其原理是在钢铁表面结构附加活泼金属，这样根据原电池理论，活泼金属就会作为原电池的阳极被牺牲掉，而保护钢铁表面不会丧失离子，阴极保护法多用于水下和土壤中的钢铁防腐。

具体来讲，阴极保护法指的是把一种(或多种)活泼型强于 Fe 的金属通过一定的工艺方法牢固地附着在 Fe 基体上，而形成几十微米乃至几毫米以上的功能覆盖层，通过自身的氧化而保护 Fe 基体。钢结构用金属覆盖层大多为锌及其合金，常采用的工艺有电镀、热浸、喷涂、扩散和机械镀等。其电化学保护机理如下：

$$阳极：2Zn - 4e^- \longrightarrow 2Zn^{2+}$$
$$阴极：O_2 + 2H_2O + 4e^- \longrightarrow 4OH^-$$
$$总反应：2Zn + O_2 + 2H_2O \longrightarrow 2Zn(OH)_2$$
$$Zn(OH)_2 \longrightarrow ZnO + H_2O$$

铝及其合金也在钢结构有所应用，其工艺为喷涂、热浸、扩散、包敷和气相沉积等。铝的耐蚀性远高于锌，但其工艺性能不如锌覆盖层，特别是在喷覆之后，其韧性以及其与基体的结合能力较差，在建筑结构中较少应用。我国从 19 世纪50～60 年代就开始锌金属覆盖层的应用，主要为热喷和热浸工艺，近年来随着技术交流和进步，在国外广泛使用的冷喷锌技术开始在国内电力工程建设中应用。

近年来，工业上常采用一种具有屏蔽防腐与阴极防腐双重保护功能的新防护技术，可以在一般条件下进行涂覆，同时获得像油漆般的屏蔽防腐和镀锌般的阴极防腐，称为冷镀锌，包括各类富锌涂料。这类涂料涂覆在钢铁表面后，介质渗透涂层接触到金属表面下就会形成膜下的电化学腐蚀，起到牺牲阳极的保护作用，而且锌的腐蚀产物是盐基性的氯化锌、碳酸锌，它会填满膜的空隙，使膜紧密，而使腐蚀大大降低，其已在许多重大工程中应用，并取得良好的效果。

1.3　展　　望

随着科学技术的进步，人类对工业应用材料的要求越来越高，特别是金属材料的防腐蚀尤其受关注。腐蚀防护常用的隔离法、缓蚀剂法、电化学保护法等只能防护，不能根治金属的腐蚀问题，同时这些防护方法存在使用成本高、污染环境、应用环境受限制等问题。因此，研究开发新的特种合金、新型陶瓷、复合材料等耐腐蚀材料，是从根本上治理腐蚀问题的最好途径，有待材料工作者共同努力。

目前，钢铁材料广泛运用于各个领域，在国民经济建设中也发挥着越来越重要的作用。但是 Fe 元素的化学活泼性较强，即便在常温常压下也能被腐蚀，给国民经济建设带来了巨大的损失，因此钢铁的防腐不容懈怠。钢结构防腐是一项涉及多学科、多领域的复杂系统工程，应该从多角度来进行综合考虑。

首先，在对钢结构进行防腐处理前，应该根据使用环境条件，设计选择合理的防腐涂料配套品种和各涂层的厚度，制定出涂装工艺及质量控制标准。

其次，须严格施工。在施工阶段，应当精心组织、严格按工艺要求进行施工，按质量标准严格控制各个工序的施工质量。

最后，应加强管理。施工监理、现场技服人员，密切配合施工方跟踪指导、检查、监督涂装质量，及时发现问题，进行返工处理。在涂覆完成后还应当定期对结构进行检查，一旦发现有腐蚀迹象，应该立即处理，特别是大型工程，关系到百年大计，容不得半点马虎。

第2章 热浸镀锌技术及其工艺

2.1 热浸镀技术及其发展历程

金属的热浸镀简称热浸镀,是指把被镀件浸入熔融的金属液体中使其表面形成金属镀层的一种工艺方法。镀层金属的熔点必须比被镀金属的熔点低得多,故热浸镀层金属都采用低熔点金属及其合金,如锡(231.9℃)、铅(327.5℃)、锌(419.5℃)、铝(660℃)及其合金,钢是最常用的基体金属。热浸镀过程中,被镀金属基体与镀层金属之间通过溶解、化学反应和扩散等方式形成合金层。当被镀金属基体从熔融金属中提出时,在合金层表面附着的熔融金属经冷却凝固成镀层。因此,热浸镀层与金属基体之间有很好的结合力。与电镀、化学镀相比,热浸镀可获得较厚的镀层,作为防护涂层,其耐腐蚀性能大大提高。

1. 热浸镀镀层的优缺点

热浸镀锌技术自应用以来,受到了广泛的青睐,具体来说,它具有以下优点。①处理费用低:热浸镀锌防锈的费用要比其他漆料涂层的费用低;②可靠性好:镀锌层与钢材间是冶金结合,成为钢表面的一部分,因此锌层的持久性较为可靠;③持久耐用:在郊区环境下,标准的热浸镀锌防锈厚度可保持50年以内不必修补,在市区或近海区域,标准的热浸镀锌防锈厚度可保持20年以内不必修补;④锌层的韧性强:锌层形成一种特别的冶金结构,这种结构能承受在运输及使用时受到的机械损伤;⑤全面性保护:镀件的每一部分都能镀锌,即使在凹凸处、尖角及隐藏处都能受到全面保护;⑥省时省力:镀锌过程要比其他的涂层施工法更快捷,并且可避免安装后在现场涂刷所需时间。

但是,在热浸镀锌的过程中,一般国内热浸镀锌厂普遍采用浓硫酸、浓盐酸等强腐蚀性溶液作为酸洗溶剂,使得工件在经过热浸镀锌后会发生氢脆现象,个别还会出现工件表面被过度腐蚀,形成表面缺陷。另外,由于加工工艺以及工件的几何形状,有时会产生锌料黏结的现象,并且在进行热浸镀前的预处理工艺中,会产生大量的污染物等影响环境。

2. 国内外热浸镀技术的发展历程

热浸镀技术是一种对钢基表面进行强化和防护的处理方法,它是当今世界上应用最广泛、性能价格比最优的钢材表面处理方法。热浸镀锌产品对钢铁的减缓腐蚀和节能节材起着不可估量和不可替代的作用，但目前世界上能够很好地掌握此种工艺技术并能自主开发设计的国家并不是很多。回顾钢带热浸镀锌的发展史，总体来讲，钢带热浸镀锌技术主要经历了三个过程，即单张钢板热浸镀锌、半连续单张钢板热浸镀锌和钢带连续热浸镀锌。早期的单张钢板热浸镀锌主要是为了适应当时的叠轧薄钢板而出现的，以后出现的工艺是为冷轧钢板而准备的。

最早出现在欧洲 18 世纪中叶的热浸镀锌技术是由最初的热浸镀锡工艺发展而来的。1742 年，法国化学家 Molouin 通过在锌液中浸泡钢件，获得了牢固的镀锌层。1837 年，法国工程师 Sorel 申请了第一个热浸镀锌专利，同年英国的 Grawford 申请了以氯化铵为熔剂的熔剂法热浸镀锌工艺。1931 年，波兰工程师 Sendzimir 在波兰建成了世界上第一个氢气还原连续热浸镀锌生产线，并且五年后在美国和法国分别建成了以森吉米尔命名的工业生产线，钢带连续热浸镀锌工艺得到了飞速的发展，为热浸镀锌行业开辟了新时代。20 世纪 60 年代中期，美国的阿木柯公司对森吉米尔法工艺进行了改进，至 20 世纪 70 年代，全世界新建的热浸镀锌生产线几乎都采用了这种改良的新工艺。改良的森吉米尔法具有如下特点：将前处理的氧化炉加热改为无氧化加热且提高炉温，使得钢带在短时间内能够被烧掉和挥发掉表面的油污，形成微氧化膜，在缩短还原退火时间的同时保证了钢带的前处理表面质量，从而大大提高了机组生产能力。

我国的钢带连续热浸镀锌发展史，应从 20 世纪 50 年代我国从苏联引进的第一条单张钢板熔剂法热浸镀锌机组说起，在随后的 20 年间，我国已先后在全国范围内建立了 15 条类似的生产机组，每年总年产值能够达到 19 万吨左右。但由于这种生产工艺的成本较高，环境污染大且产品质量较差，因此在 20 世纪 80 年代被先后淘汰。1979 年，武钢集团公司从西德引进的第一条卧式连续热浸镀锌生产线，才算是我国第一次真正意义上的钢带连续热浸镀锌工艺。后来宝钢集团有限公司于 80 年代末从美国引进了立式连续热浸镀锌生产线，直至进入 90 年代，我国的热浸镀锌进入了高速发展时期，至 2010 年，我国的镀锌板产量已将近 2500 万吨。

国内大型企业连续热浸镀锌生产线设备主要从国外引进，生产出的高质量产品主要面向汽车和高档建材领域，而民营企业的大部分生产线是国内自主设计制造的，生产的产品主要面向建材市场。正是由于这种高低产品的不均匀分布，我国的热浸镀锌板生产存在一定的问题。首先，小型民营企业的低产能机组过多，带来的直接问题是占地面积过多、环保问题严重、生产效率低下、资源浪费严重等；其次，汽车用镀锌钢板生产过剩，这主要是由于我国的汽车产业还不够发达，生产的镀锌钢板在汽车行业造成堆积，导致资源浪费；另外，我国的热浸镀锌行业还存在缺少建材用合金镀层、分布不均、产品质量及工艺研究不够等缺陷。因此，我国的钢板连续热浸镀技术整体实力还不够强，与发达国家相比还有很大的提升空间，需要在此领域进一步加强新型高耐蚀性合金镀层的开发、耐蚀机理的深入研究和提高镀层质量等。

热浸镀锌钢带是一种新型高效钢材，进入 21 世纪以来，随着市场对镀锌板需求的增长，特别是对汽车工业镀锌板的需求，国内外越来越多的企业将其作为钢铁业深加工、高附加值发展的主要方向。它不仅可以提高钢材的使用性能和寿命，还可以代替不锈钢和更高等级的材料，且具有生产成本低和操作相对简单的特点，为社会提供了较大的经济效益和社会效益。

2.2　钢板热浸镀锌的耐蚀机理

钢板的热浸镀锌镀层之所以有较好的耐蚀性，主要由于热浸镀锌层对钢铁基体有三重保护作用[1, 2]：

（1）隔离保护：镀层本身作为覆盖层，避免钢基体与周围腐蚀环境的接触。

（2）阴极保护：由于镀锌层可作为牺牲阳极，暴露在潮湿大气中的镀锌层先发生腐蚀，从而对钢基体进行电化学保护作用。牺牲阳极是指在被保护的金属上连接电位更低的金属或合金，靠它不断溶解所产生的电流对保护的金属进行阴极极化，达到保护的目的[3]。在水中溶解的氧气的参与下，锌镀层将发生如下反应：

阴极：$2Zn \!=\!= 2Zn^{2+} + 4e^-$

阳极：$2H_2O + O_2 + 4e^- \!=\!= 4OH^-$

总反应：$2Zn^{2+} + 4OH^- \!=\!= 2Zn(OH)_2$

（3）腐蚀产物保护：镀锌层被腐蚀后产生的致密的腐蚀产物附着在镀层表面，可以延缓腐蚀进一步发生。具体来讲，锌较钢铁活泼，大气中锌表面的腐蚀产物主要由 ZnO、$Zn(OH)_2$、$ZnCO_3$ 组成，这种锈层结构比较致密，且黏附性较好，在表面形成耐腐蚀性良好的薄膜，不仅可以保护锌层本身，还起到物理隔绝作用，防止腐蚀介质与钢板直接接触。

因此，热浸镀锌及其合金是钢铁材料最常见、最有效、最经济的防腐工艺之一，防锈期长达 5～50 年或以上，同时不需经常保养和维修，一劳永逸，美观实用，安全可靠，是目前被广泛采用的、最佳的保护钢铁的方法。

2.3　热浸镀锌的工艺特点及影响因素

2.3.1　热浸镀锌的常见工艺特点

最早的热浸镀技术是从镀锡开始的。热浸镀锌发明于 18 世纪中叶，并在 1836

年由法国的 Sorel 将热浸镀锌工艺应用于工业生产。一般的热浸镀工艺都可以概括为工件的预处理、热浸镀、后处理、成品四个步骤。

在进行热浸镀的过程中，根据前处理方法的不同，具体的实施方法包括熔剂法和氢气还原法两种[4]。目前，钢管、钢丝和零部件的热浸镀一般采用熔剂法，而钢板的热浸镀多数采用森吉米尔法。

1. 熔剂法

熔剂法包括熔融熔剂法(湿法)和烘干熔剂法(干法)两种。这两种工艺中热浸镀和镀后处理基本相同，主要差异在于镀前预处理不同。在熔融熔剂法中，钢板表面的水溶液溶剂不经过烘干而直接浸入熔融锌锅进行热浸镀。工件在镀液中受热分解，能够除去基体表面的氧化物和残留物，提高镀层对基体的结合强度。在烘干熔剂法中，预镀件经助镀剂处理，烘干后再浸入镀液。经过这种方法得到的镀件，其镀层的附着力和表面质量要比熔融熔剂法好。熔剂法的镀前预处理温度较低，对钢材的力学性能要求不高，且前后力学性能变化不大。不足之处是镀层质量不高、产量低，不适合钢板连续热浸镀锌。

2. 氢气还原法

氢气还原法主要适用于钢带连续热浸镀锌，该工艺具有产量大、操作易控制、镀层质量好等优点，因此被工业大规模应用。现有的工艺大多包括：森吉米尔法、改良森吉米尔法和美钢联法。

森吉米尔法是指钢材先通过氧化炉，烧掉钢材表面的残余油污，然后钢材进入由氢气和氮气组成的还原炉内，氢气使带钢表面的氧化膜还原成具有活性的海绵状铁，氮气可以保护钢带不被氧化。后经冷却段直接进入锌液进行热浸镀。此工艺生产速度快，产品质量较好，无污染，但设备投入大，生产难度高，比较适合生产单一产品。

改良森吉米尔法是将氧化炉中的燃烧气氛改为还原气氛，在烧掉带钢表面油脂的同时，降低其被氧化的程度，使得带钢表面氧化层较薄，在还原炉中能充分还原，不仅大大提高了带钢运行速度，还降低了还原炉内的氢气含量，提高了生产安全性。由于其具有优质、高产、低耗、安全的特点，故在全球范围内得到了很大发展[5]。

美钢联法是在森吉米尔法和改良森吉米尔法生产镀层质量不太优异的问题上，通过先对钢板进行电解脱脂，然后水洗烘干，接着进行退火还原和热浸镀锌，因此得到的镀层更加优异，能够满足家电业和汽车制造的要求。

2.3.2　热浸镀锌的影响因素

随着社会对热浸镀锌产品质量的要求越来越高，人们通过改变各种条件研制出高耐蚀性、耐热性、可加工性、可涂漆性的镀层，因此影响热浸镀过程的因素较多，总体来讲，影响因素可以归结为三类：一是工艺条件对镀层的影响；二是基体元素对镀层的影响；三是合金元素对镀层的影响。

1. 工艺条件对镀层的影响

（1）热浸镀温度：不同的镀层有不同的热浸镀温度，若镀液温度较低，镀液流动性较差，所得到的镀层质量不佳，锌耗也多；镀液温度过高时，镀液烧损严重，消耗大量能量，因此在热浸镀过程中应严格控制其温度。

（2）热浸镀时间：在温度不变的情况下，延长热浸镀时间，会使镀层变厚。因此应尽量缩短热浸锌时间，减少其厚度，以便增加镀层韧性。

（3）助镀剂的影响：助镀剂具有去除预镀件表面氧化皮、提高镀层对基体附着能力、降低基体表面张力等作用，选择合适的助镀剂为后续的热浸镀提供了很大的便利。

（4）覆盖剂的影响：在熔融的合金液表面覆盖一层表面保护剂，既能保护铝液不被氧化，又能清洁钢件表面、活化基体[6]。表面保护剂应具有溶解氧化物的能力强、流动性好、密度小、不老化、不蒸发等特点[7]。

2. 基体元素对镀层的影响

C 含量较高时，Fe-Zn 反应较剧烈，镀层变脆，塑性降低；Si 含量较高时，由于圣德林效应，会出现灰暗、黏附性差的超厚镀层；P 含量在 0.15%左右时，对 Fe-Zn 反应产生不利的影响，P 含量>0.03%时，会产生超厚镀层[8]；钢中的 S 和 Mn 对镀锌层性能无明显影响。

3. 合金元素对镀层的影响

热浸镀过程中，合金元素的添加主要有以下作用：①在镀层表面能够形成稳定性高的连续保护层，提高耐蚀性；②可以提高金属的钝性，从而阻滞阳极过程的发生；③加入一些合金元素后能促使表面生成致密保护膜，形成完整的腐蚀产物保护膜，提高其耐腐蚀能力。

Al 是镀锌过程中最常见的合金元素，它的加入可以明显改变镀层的耐腐蚀性[9]。Al 的加入既可以提高镀层的光亮度，减少锌的氧化，又可以改变镀层的组织结构，提高镀层的附着力和可塑性[10,11]。另外，铝和铁的亲和力较强，热浸镀时先在基体表面形成一层很薄的 Fe-Al 合金层，使镀层变薄且黏附性良好[12]。此外，在腐蚀过程中，Al 能阻止富锌相的溶解，提高其耐腐蚀能力[13]。

Mg 的加入，可以提高镀层的表面质量及成形性。镁的加入对镀层的耐腐蚀性能有所改善，少量的镁能使合金镀层的腐蚀阻力增加，抑制 Zn-Al 合金的晶界腐蚀[14]。Mg 含量增大时，镀层腐蚀产物中的非晶态物质含量逐渐增加，而这种非晶态物质的电阻率较大，因而腐蚀电极反应受到一定抑制，表现出较好的耐腐蚀性能[15,16]。镁的加入还能增加镀层的光泽度并细化晶粒，但含量过高时，镀层表面粗糙，将发生崩皮、脱落等现象，还能加速锌的氧化，使锌液表面锌灰变多，锌耗增大[17]，因此要控制其含量。

稀土（RE）元素可以和镀液中的 O、S、N 等元素结合，具有净化、除气作用，同时能够细化晶粒、强化晶界、改善镀层性能[18]。在热浸镀锌液中添加少量的稀土元素，还可以提高镀层的耐腐蚀性能，这是由于稀土能与加速腐蚀的杂质形成化合物，从而起到净化作用，同时它弥散于晶界处，使得镀层组织细化，从而提高其耐蚀性[19,20]。研究表明，稀土元素在镀液中的分布极不均匀，主要富集在镀液表层，而溶入镀液内部的很少，因此判断稀土元素在镀液表面的富集起到了保护镀层的作用，并且稀土可以减小表面层厚度，增加合金层厚度。但并不是稀土的加入量越大，镀层耐蚀性就越好，加入稀土过量时，稀土容易和金属铝或锌形成金属间化合物，这些金属化合物较铝、锌活泼，有更大的腐蚀倾向，所以镀层的腐蚀性反而变差。

Si 的添加能使锌铝固溶体由等轴枝晶变成树叶状枝晶，促进其择优生长，少量的铝硅含量还能有效地减少漏镀[21]。Si 主要聚集在镀层内部，尤其是在钢基体/镀层的界面上浓度最高，它能够阻碍 Al 的扩散，从而导致合金层生长缓慢，对合金层生长有强烈的抑制作用，降低镀层的厚度。

Ti 的加入试验表明，锌池中未加 Ti 时，即使热浸镀时间只有 3s，镀层中也出现了大量的爆发组织，而加入少量 Ti 时，镀层由非常薄的 Fe_2Al_5 层和 η 层组成，未发现中间相。这说明 Ti 促进了抑制层的形成。

Cu 和 Sn 对镀锌层组织、厚度和性能的影响结果表明，铜能促使 δ 相的形成，而阻碍 ζ 相的生长，因此对镀层的附着性有害，而锡的加入量达 3%时，仍对镀层厚度和形态无太大的影响。

Ni 的加入对圣德林效应的抑制作用得到了众多研究者的肯定。加少量的 Ni，就能有效地改善镀层外观，并减小镀层厚度。尤其对于圣德林效应峰值区的钢，镀层减薄作用最为明显。

Mn 在锌浴中的加入量为 0.5%时，Mn 进入整个合金层特别是 ζ 相中，影响 δ/ζ 界面的扩散，也能促进均匀致密的 δ 相和 ζ 相的生长。反应性钢在 Mn 含量大于 0.5%的锌浴中进行热浸镀，合金层厚度增长速度比在常规热浸镀锌中小得多。

2.4　热浸镀锌的工艺过程

传统的热浸镀工艺流程主要是先去除工件表面油污，再将工件酸洗除锈，水洗后放入溶剂中清洗(溶剂为氯化铵、氯化锌或氯化铵和氯化锌的混合液等),然后将工件放入镀锌槽中镀锌,最后甩干整修后完成。

一般企业的热浸镀锌操作工艺流程为:黑件检查、挂料、脱脂(脱脂液的配方一般为氢氧化钠50~150g/L,硅酸钠30~50g/L,其余为水。脱脂液温度为60~80℃,脱脂时间为10~15min)、漂洗、酸洗(酸洗液为盐酸水溶液,工作浓度为60~150g/L,$FeCl_2$含量低于 400g/L)、清洗、浸渍助镀剂(助镀剂是氯化锌、氯化氨配制的水溶液,工作温度为 60~80℃,助镀剂中氯化氨的含量应保持在 80~150g/L 范围内)、热空气烘干、热浸镀锌、冷却、钝化和漂洗、卸料、检验。

结合工厂及实验室条件下的环境,一般的熔剂法热浸镀锌工艺流程简单包括:钢板的镀前处理工艺、钢板的热浸镀工艺、钢板的镀后处理工艺。

2.4.1 热浸镀锌的镀前处理工艺

1. 钢板的清洗

为了使热浸镀时钢铁表面被快速侵蚀并获得均匀的镀层锌,必须清除构件上所有的氧化物和油脂。在本课题组进行热浸镀之前,钢板的前处理工艺主要包括碱洗除油、酸洗除锈、弱酸活化、电解助镀及烘干等工序。

本实验室的具体做法为首先将厚度为 2mm 的 DC51 钢板用剪板机切割成210mm×70mm 的长方形钢板,然后进行后续的清洗工作。具体的试验设备为不锈钢桶、烧杯、软刷和电阻炉;试验药品为 NaOH 溶液、稀 HCl 溶液、六次甲基四胺和蒸馏水。

清洗过程及控制条件如下:

(1)碱洗除油:将含量为 120g/L NaOH 及 60g/L Na_2CO_3 的碱洗液配制好,温度为 60~80℃,用软毛刷蘸取碱洗液将钢板表面清洗 10~20min,直至钢板表面有一层均匀的水膜覆盖,此时说明工件表面的油污被清除干净,之后用蒸馏水冲洗钢板表面残余的碱液,以便于进行下一步的操作。

(2)酸洗除锈:酸洗工序主要是除去钢构件表面的铁锈,镀锌时熔融的锌才能与钢基体反应生成镀锌层。若酸洗不干净,表面还残留锈斑,工件进入熔融的锌液时,锈斑阻碍钢基体表面与锌反应生成锌铁合金层,从而产生漏镀点,导致返工重镀。在新酸中浸泡或浸泡时间长会导致构件表面出现过腐蚀和析氢现象。过酸洗会产生黏附性很强的泥渣,其在钢表面很难冲洗掉,将无法镀上熔剂,析出的氢在钢基体内储存,氢气在锌液中受热释放,破坏了镀锌层的结晶而产生灰斑,导致工件漏镀返工重镀甚至报废。

本课题组采用软毛刷蘸取酸洗液清除钢板表面的锈蚀产物,使钢板表面的铁锈溶解,露出活性表面。酸洗液采用浓度为 20%的 HCl 溶液及少量的六亚甲基四胺配制，六亚甲基四胺主要起缓蚀作用，防止工件在清洗过程中发生过腐蚀。酸洗时间不宜过长，防止钢板因过酸洗导致表面凹凸不平，对后期的热浸镀造成一定的影响。酸洗后用蒸馏水冲洗钢板表面多余的酸液。

（3）弱酸活化：本实验室采用浓度为 1% 的 HCl 溶液对钢板进一步活化，使其更有利于进行下一步——表面的电解助镀。

2. 钢板的助镀工艺

经前处理后的活性基体表面极易在空气中氧化，为了防止钢板在进入合金液前再次氧化而出现漏镀现象，必须在热浸镀之前，对钢板进行有效的保护。工业上常用的保护方法有气体还原保护法和助镀剂法。

由于试验条件所限，本试验主要采用助镀剂法，即通过电解助镀处理后，在钢基体表面覆盖一层纯锌及保护盐膜，热浸镀时表层物质溶解，露出活性基体表面，以便于热浸镀工艺的完成。根据热浸镀过程的需要，助镀主要有活化基体表面作用、净化锌液、浸润作用和隔离作用等。

助镀剂一般为氯化物及氟化物复合盐，根据其在热浸镀中的作用，助镀剂一般应具有以下特点[22,23]：

（1）助镀剂与基体具有良好的浸润性，以保证热浸镀过程中助镀剂处于熔融状态。

（2）能够溶解或清除一部分固态氧化物，保护基体表面不被氧化。

（3）对镀液无污染，易于保持镀液成分的稳定性。

（4）不产生气体，不影响镀层质量。

钢构件在热浸镀锌前浸粘助镀剂，是为了保证钢件在热浸镀锌时，其表面的铁基体在短时间内与锌液发生正常的反应而生成一层铁-锌合金层。通常选用的助镀剂为 $ZnCl_2 \cdot 2NH_4Cl$，当工件在浸入锌液时，助镀剂受热后首先发生分解：

$$ZnCl_2 \cdot 2NH_4Cl \longrightarrow ZnCl_2(NH_3) + NH_3\uparrow + 2HCl\uparrow$$

分解释放出的氨气和氯化氢气体与工件表面残留的氧化物及锌液表面形成的氧化锌发生反应：

$$FeO + NH_3 + 2HCl \longrightarrow FeCl_2(NH_3) + H_2O\uparrow$$

$$ZnO + NH_3 + 2HCl \longrightarrow ZnCl_2(NH_3) + H_2O\uparrow$$

以氯化锌和氯化铵混合组成的助镀剂 $ZnCl_2 \cdot 2NH_4Cl$ 是有稳定成分的化工双盐，易结晶在钢件表面。其中氯化铵在助镀剂中的作用是最根本的，但氯化铵易挥发，所以含量不能太高，以避免工件在热浸锌过程中形成过多的烟雾。

氯化锌起到涂层作用，可减少工件在酸洗之后和热浸锌之前的氧化。同时，以 $ZnCl_2 \cdot 2NH_4Cl$ 为氯化锌和氯化铵混合组成基础的助镀剂有很好的自动干燥效果。为保持生产正常进行，一定要保持氯化铵浓度高于氯化锌浓度，0.05～0.07g/L效果最好，不能只规定氯化铵与氯化锌浓度的总量值，一旦氯化锌的浓度高于氯化铵的浓度，工件表面就会出现针孔状的漏镀。

　　每种助镀剂都有其适合的镀层，由于传统助镀剂中含有氯化铵，助镀过程中产生大量的烟尘，并且试验表明传统的助镀剂并不适合本研究中的 Zn-Al-Si-Mg-RE 合金的热浸镀。

　　本试验是在对助镀剂作用原理的基础上，采取尽量降低氯离子含量、尽量降低药剂浓度、尽量降低生产成本及保护环境的原则，采用本实验室自主开发的电解助镀剂及助镀工艺，其具体成分及各成分的作用如下：

　　(1)$ZnCl_2$ 作用及其浓度：首先，$ZnCl_2$ 中的 Zn^{2+} 在电解的过程中会在阴极钢板上沉积下来，形成一层致密的电解锌层，从而对钢板进行保护，防止其被二次氧化；其次，$ZnCl_2$ 还能和钢铁表面的 Fe^{2+} 反应生成 $FeZnCl_4$，既能去除钢铁表面的亚铁，又可消除 Fe^{2+} 对热浸镀的不利影响。本试验确定的 $ZnCl_2$ 浓度为 100g/L。

　　(2)KCl 作用及其浓度：由于钾盐的导电性大于钠盐的导电性，并且在相同条件下钾盐电镀层的脆性小于钠盐，因此 KCl 作为一种常用的导电盐，在电镀锌的过程中被加到镀液中，可以有效地提高溶液的导电性，提高电镀速度。本试验确定的 KCl 浓度为 70g/L。

　　(3)NH_4Cl 作用及其浓度：NH_4Cl 会与前处理酸洗后残留的 Fe^{2+} 发生反应，消除 Fe^{2+} 对热浸镀的不利影响；同时，NH_4Cl 分解得到 NH_3 和 HCl 气体，HCl 气体能进一步消除钢铁表面氧化层和锌液表面的锌渣，使得钢板与锌液接触处保持光亮，从而获得良好的镀层。本试验确定的 NH_4Cl 浓度为 20g/L。

　　(4)NaF 作用及其浓度：NaF 的作用主要是去除钢基体表面的氧化皮，并将氧化皮包裹起来排除至镀液表面，加入少量的 NaF 不仅可以保护镀件表面不被氧化，还能改善镀液润湿性，减少漏镀。本试验确定的 NaF 浓度为 5g/L。

　　(5)$CeCl_3$ 作用及其浓度：文献表明，氯化稀土可以提高镀层的附着性与耐蚀性，同时能使镀层涂敷均匀，有效地抑制熔剂与熔融合金中的铝反应，从而改善镀层表面的质量。本试验确定的 $CeCl_3$ 浓度为 4g/L。

　　另外，在电解助镀的过程中，要时刻控制溶液的 pH。pH 过低将会使阳极溶解过快，pH 过高则会使 $Zn(OH)_2$ 夹杂在镀层中，影响镀层的质量。本工艺将 pH 控制在 4.5 左右时镀层质量最好。并且文献表明，pH 在 4～5 之间，助镀液可以进一步清洗钢板，弥补酸洗过程的不足。

　　本实验室所采用的是电解助镀工艺，试验设备有电解槽、导电夹、直流稳压电源、PB-10 型 pH 计。试验药品有 $ZnCl_2$、KCl、NH_4Cl、NaF、$CeCl_3$ 及蒸馏水。

　　具体的试验过程为：将经前处理后的钢板安置于电解助镀装置内，其示意图如图 2.1 所示。打开直流稳压电源，开始电镀，电流密度为 12A/dm^2，电镀时间为 30s。将电镀后的钢板取出置于烘箱内进行烘干，烘干温度控制在 75℃，时间为 30min。至此完成了电解助镀的过程，以便于进行下一步热浸镀工艺。

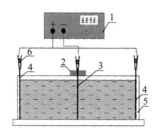

图 2.1　电解助镀装置示意图

1. 24V、50A 直流电源；2. 阴极固定板；3. 阴极；4. 阳极；5. 电解槽；6. 导电夹

2.4.2　钢板的热浸镀工艺

在钢板的热浸镀过程中，影响镀层微观结构、耐蚀性和厚度的因素主要有钢基体成分、合金元素成分、热浸镀时间、锌液温度、气刀压力、钢带运行速度和镀后冷却速度等因素。

锌液中合金元素的种类不同，对热浸镀过程的影响也不尽相同。锌液温度对镀层的影响较大，锌液温度过低将会使其黏度增大，在热浸镀过程中，表面多余的锌液不易抹去，从而导致镀层变厚；温度过高，不仅会增大电耗及锌耗，还会使锌渣变多，锌镀层生长速度过快。热浸镀时间与锌液成分、钢板成分及锌锅大小有关。

工业生产中，热浸镀时间通常为 5s 至数分钟不等。气刀吹出的气体，同时具有抹拭和冷却钢板的作用。工业上设定气刀喷吹压力一般在 0.01～0.03MPa 之间，需考虑的因素为锌液温度、钢带速度、目标镀层厚度及钢带与气刀距离等。

对于钢带速度的影响，一般需和气刀压力同时考虑，综合考虑抹拭作用和冷却作用对镀层厚度的影响。气刀与钢板角度对镀层厚度的影响是在一定的范围内，增大喷嘴角度会降低镀层厚度。

在本课题组试验中，将前处理烘干后的钢片试样浸入熔融合金炉中热浸镀一段时间，后经过热浸镀模拟装置以适宜速度从炉中提取出来。合金液采用预先炼好的热浸镀用合金铸锭熔化而得。热浸镀模拟装置示意图如图 2.2 所示。

2.4.3　镀层的后期处理

进行完热浸镀的镀层产品，为了更好地提高其耐腐蚀性，一般要进行多项后期处理，具体包括以下内容：

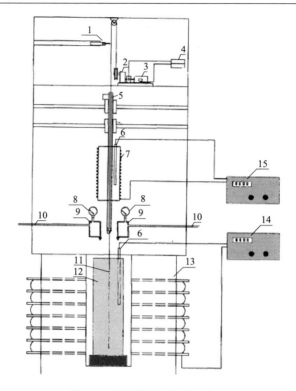

图2.2 热浸镀模拟装置示意图

1. 行程开关；2. 减速机；3. 电动机；4. 控制系统；5. 拉杆；6. 热电偶；7.合金化炉；8. 气压表；9. 气刀；10. 气刀进气口；11. 钢板；12. 锌锅；13. 电阻炉；14. 电阻炉控温系统；15. 合金化炉控温系统

（1）铬酸钝化和无铬酸钝化：采用该表面处理可以减少产品在运输和储存期间表面产生白锈，无铬钝化处理时，应限制钝化膜中对人体健康有害的六价铬成分；钝化膜以亮黄色为正常，用手指擦拭不掉为检验标准。

（2）铬酸钝化+涂油和无铬钝化+涂油：该表面处理可进一步减少产品在运输和储存期间表面产生白锈。

（3）磷化和磷化+涂油：该表面处理可以减少产品在运输和储存期间表面产生白锈，并可改善钢板的成形性能。

（4）耐指纹膜和无铬耐指纹膜处理：该表面处理可以减少产品在运输和存储期间表面产生白锈，无铬钝化处理时，应限制钝化膜中对人体健康有害的六价铬成分。

（5）涂油处理：减少储运白锈产生，所涂防锈油一般不作为后续加工用轧制油和冲压润滑油。

第3章 热浸镀锌的常见商品镀层及镀层检测

3.1 镀锌钢板的分类

市场上常见的镀锌钢板,按生产及加工方法可分为以下几类。

1. 热浸镀锌板

将薄钢板浸入熔融的锌槽中,使其表面黏附一层锌的薄钢板。目前主要采用连续热浸镀锌工艺生产,即把成卷的钢板连续浸在熔融的锌液中进行热浸镀制成镀锌钢板。热浸镀锌是当今世界上应用最广泛、性能价格比最优的钢材表面处理方法。热浸镀锌对钢铁的减蚀延寿、节能节材起着不可估量和不可替代的作用,同时镀层钢材也是国家扶植和优先发展的高附加值短线产品。

2. 合金化镀锌钢板

这种钢板也是用热浸镀法制造,但在出槽后,立即把它加热到 500℃ 左右,使其生成锌和铁的合金膜。这种镀锌板具有良好的涂料的密着性和焊接性。

3. 电镀锌钢板

电镀锌技术一般又称冷镀锌,就是利用电解,在制件表面形成均匀、致密、结合良好的金属或合金沉积层的过程。与其他金属相比,锌是相对便宜而又易镀覆的一种金属,属低值防蚀电镀层,被广泛用于保护钢铁件,特别是防止大气腐蚀,并用于装饰。镀覆技术包括槽镀(或挂镀)、滚镀(适合小零件)、蓝镀、自动镀和连续镀(适合线材、带材)。用电镀法制造这种镀锌钢板具有良好的加工性。但镀层较薄,耐腐蚀性不如热浸镀法镀锌板。

4. 单面镀和双面差镀锌钢板

单面镀锌钢板,即只在一面镀锌的产品。在焊接、涂装、防锈处理、加工等方面,具有比双面镀锌板更好的适应性。具体包含以下步骤:钢材进货检验、前处理、涂上耐酸物质、脱脂、水洗、酸洗、助熔剂(FLUX)、镀锌、水冷,其中在前处理的步骤中,尚未进行脱脂的步骤之前,在不镀锌的一面钢板上,涂上一层耐酸物质,然后将此钢板依序进行脱脂、水洗、酸洗、助熔剂(FLUX)、镀锌等处理，由于该耐酸物质的隔绝，当镀锌处理时，锌液无法附着于涂有耐酸物质的该面钢板上，因此可形成仅单面镀锌的钢板。为克服单面未涂锌的缺点，又有一种在另面涂以薄层锌的镀锌板，即双面差镀锌板。

5. 合金、复合镀锌钢板

它是用锌和其他金属如铅、锌制成合金乃至复合镀成的钢板。这种钢板既具有卓越的防锈性能，又有良好的涂装性能。

除上述五种外，还有彩色镀锌钢板、印花涂装镀锌钢板、聚氯乙烯叠层镀锌钢板等。但目前最常用的仍为热浸镀锌板。并且从热浸镀锌技术出现以来，通过不断的发展与创新，已出现很多商业化的镀层材料，由此也可以看出多元合金镀层的开发过程。

3.2　常见的商业化热浸镀钢板

1. 纯 Zn 镀层钢板

在最早的热浸镀工艺中，在钢基体表面镀上纯锌，由于这种工艺操作相对简单，且对钢材有一定的保护作用，因此至今仍在镀锌产业中占有很大的比例。但不足之处是锌的流动性不好，在热浸镀过程中增加了锌耗，使镀层厚度增大。并且，镀锌层的腐蚀产物为疏松多孔的 ZnO，易从镀层表面脱落，使镀层能够进一步被腐蚀，因此其耐蚀性相对较低。

2. Zn-5Al-0.1RE 镀层

20 世纪 80 年代，由国际铅锌研究小组(ILZSG)资助比利时列日冶金研究中心(CRM)开发出了 Zn-5Al-0.1RE 合金镀层，其商品名为 Galfan。此镀层成分是在熔点为 380℃的 Zn-5Al 系共晶组织中添加稀土元素开发而成的。在合金液中加入 0.1% RE(铈、镧稀土混合物)是为了降低镀液表面张力，提高镀液对钢基体的浸润性能，从而改善漏镀现象[24]。

Galfan 镀层具有层状组织，基体与镀层间无脆性的合金层组织，这使得镀层具有较高的耐腐蚀性能、优异的成形性和涂漆性，其耐腐蚀性能是普通镀锌层的 2～3 倍，成形性优于其他热浸镀锌层，与电镀锌层的成形性相当[25]。此镀层现主要用于连续热浸镀锌的镀锌板和镀锌钢丝。对 Galfan 镀层钢板进行弯曲、冲压和深拉时均不会出现镀层开裂、剥落现象，因此其广泛用于汽车、家电、建筑等领域。

3. Zn-55Al-1.6Si 镀层

20 世纪 70 年代，美国伯利恒钢铁公司研发出了成分为 55Al-43.4Zn-1.6Si 的合金镀层，其商品名为 Galvalume。由于此镀层中铝的含量为 50%以上，因此其结构接近镀铝层，但要比镀铝层复杂得多。此种合金镀层具有较高的耐热性，使用温度可达 375℃以上；具有较好的耐蚀性(镀层耐腐蚀性为纯锌层的 2～6 倍)，耐盐水浸泡、抗高温氧化、抗高温硫化等，耐腐蚀性与铝镀层接近，还具有一定的牺牲阳极保护性能。此镀层主要用于建筑业、家用电器、汽车工业等行业。目前世界上很多国家的厂商获得了此项专利，主要分布在美国、澳大利亚及欧洲各国。

4. Zn-6Al-3Mg 合金镀层

20 世纪 90 年代，日本的新日铁公司在前人研究的基础上，开发出耐腐蚀性更高的成分为 Zn-6Al-3Mg 的镀层合金材料，被称为第 4 代高耐蚀镀层材料，商品名为 ZAM。此种镁含量为 3%的 Zn-Al 共晶组织镀层耐腐蚀性能为镀锌(GI)钢板的 10～20 倍，Galfan 镀层钢板的 5～8 倍，是当时耐蚀性最好的热浸镀锌合金镀层[26]。

由于其超强的腐蚀能力，很多人采用不同的手段研究其腐蚀机理，最终发现其高耐蚀性的主要原因是它能生成致密的腐蚀产物，并且 Mg 的加入可长期抑制腐蚀产物氧化锌(ZnO)和碱式碳酸锌等腐蚀产物的形成，具有较好的保护作用[27]。

5. Zn-11Al-3Mg-0.2Si 镀层

2000 年，日本的新日铁公司首次开发出成分为 Zn-11Al-3Mg-0.2Si 的合金镀层，其商品名为 Super Dyma[28]。此种合金镀层较薄，以铝和铁为主，含有少量的锌和镁。通过盐雾、循环腐蚀等[29]证明，Al、Mg、Si 的添加大大提高了镀层耐腐蚀性能。其耐腐蚀性是热浸镀锌钢板的 15 倍，热浸镀 Galfan 钢板的 6～8 倍。Super Dyma 合金具有较好的抗刮擦性能，其表面硬度接近 140HV，是热浸镀锌镀层表面硬度的 3 倍左右，切口耐蚀性优于 Galvalume 镀层。

6. Zn-23Al-0.3Si 镀层

Zn-23Al-0.3Si 镀层是一种硬度高、韧性好、耐蚀性高的合金镀层，它是由加拿大的 Comico 公司等开发的一种新型合金镀层。这种镀层的耐蚀性是常规热浸镀锌层的 5～6 倍，优于 Galfan 镀层。该镀层外层具有很好的变形性，180°弯曲时没有裂纹产生，但内层的合金层较脆，容易产生裂纹。该镀层组织由内、外两层组成，外层是由细微的共析组织和粗大的共晶组织构成，以共析组织为主；内层是很薄的 Fe-Al-Zn-Si 四元合金层。镀层的厚度为 10～30μm，非常适合于螺栓紧固件等的热浸镀[30,31]。

3.3　热浸镀钢板的镀层检测

3.3.1　镀层外观及厚度检测

镀层的性能好坏直接关系到其使用价值，因此对镀层的性能评判是一个十分重要的环节。一般来讲，良好的镀层不仅要镀层完整无孔，结构致密，与基体结合紧密，分布均匀，还要有较高的耐蚀性和耐磨性、较好的涂漆性能。

因此基于以上特点，工业生产中镀锌板的检测指标主要包括：镀层质量及厚度检测，镀层附着性检测，镀层力学性能检测，镀层均匀性检测，镀层耐蚀性检测，镀层显微结构检测。在现代化大型钢带连续热浸镀生产线上，均设有镀层厚度检测装置，可以连续测出镀层厚度。镀层厚度以微米表示，用磁性测厚仪或金相分析法测量，本试验主要采用金相分析法来测量。

金相显微镜主要是用来观察金属和矿物等不透明物体内部组织结构的一种重要光学仪器，是工业生产或实验室研究中重要的检测设备之一，被广泛地应用于铸件质量的鉴定、材料的检测、生产过程中的质量控制及研究分析等过程。

外观检测：通过对镀层进行对比观察，研究镀层表面的平整度、光亮度及有无漏镀和结瘤等缺陷。

厚度检测：先将镶样完毕的镀层钢板在磨样机上依次更换砂纸完成磨样，之后在抛光机上对其进行抛光。将抛光后的样品用乙醇清洗并吹干，然后在金相显微镜（OLYMPUS　GX71 型倒置式）上对镀层厚度进行检测，研究合金元素对镀层厚度的影响。

3.3.2　镀层性能检测

1. 中性盐雾试验

中性盐雾试验是一种最常见和最有破坏性的大气腐蚀试验。氯离子在腐蚀破坏的过程中起主要作用。较强的穿透力使氯离子很容易穿透金属氧化层进入金属内部，在破坏金属钝态的同时，氯离子很容易被吸附在金属表面，取代氧化层中的氧，使金属受到破坏。

盐雾试验的目的是考核产品的耐盐雾腐蚀性，它主要包括中性盐雾试验（NSS）、乙酸盐雾试验（AASS）及铜加速乙酸盐雾试验（CASS）。本试验采用中性盐雾试验（NNS），为了测试的准确性，试验参照 GB/T 10125—2012《人造气氛腐蚀试验 盐雾试验》标准执行，以此评价合金元素对镀层耐腐蚀性的影响。

试验仪器及设备：盐雾腐蚀试验箱(LRHS-207-RY，上海林频仪器股份有限公司)、分析天平(精确度为0.001g)、1000W电阻炉、剪板机、游标卡尺和软刷。

试验材料：石蜡与松香、氯化钠、蒸馏水、无水乙醇及柠檬酸二铵。

试验过程及条件：将处理后规格相同(126cm×70cm)的镀层钢板用松香和石蜡(混合比1：1)进行封样，密封镀锌板的侧面和背面，每种镀层选取三个平行样(保证试验的准确性)。用游标卡尺量出测试面的长与宽后，用无水乙醇清洗镀层的测试面，待吹干后用分析天平称量腐蚀前镀层质量，记为W_1。将样品放置在与竖直方向成20°±5°的盐雾箱内，样品之间留有适当间隔且样品不得接触箱体。

待连续喷雾72h后取出样品，由于腐蚀后的镀层产物较为致密，不易清除，本试验采用物理法与化学法两步清理腐蚀产物。物理法是指用刀片轻刮腐蚀产物；化学法是指将样品浸泡在20%(质量分数)的柠檬酸二铵溶液中约10min，待取出时用软毛刷蘸取溶液对产物进行彻底清除，然后用蒸馏水清洗后吹干，称量腐蚀后样品质量，记为W_2。

本试验采用失重法衡量镀层的腐蚀速度，计算方法如式（3.1）所示：

$$V = \frac{W_1 - W_2}{St} \tag{3.1}$$

式中：V为单位面积腐蚀速度，g/（m²·h）；W_1为试样腐蚀前质量，g；W_2为试样腐蚀后(清除产物)质量，g；S为试样测试面积，m²；t为盐雾腐蚀时间，h。

2. 电化学测试

电化学测试是评价材料腐蚀行为的一种行之有效的方法。为了探索电极过程机理及影响电极过程的各种因素，必须对电极过程进行研究，其中极化曲线的测定是重要的方法之一。它能连续检测材料的腐蚀过程和瞬时速度，还能提供材料电化学过程中的反应机理。从极化曲线中可以看出给定体系可能发生的反应和测量电极反应的交换电流、传递系数及阴极和阳极塔菲尔（Tafel）常数等，同时还可以测定腐蚀速度，研究电极过程机理及影响因素。

试验材料及设备：NaCl、无水乙醇、松香和石蜡、游标卡尺、铜导线、Autolab/PGSTAT30型电化学工作站、铂电极、甘汞电极、工作电极(合金镀层钢板)。

试验过程：电化学测试采用三电极体系，镀层钢板作工作电极，饱和甘汞电极作参比电极，铂电极作对电极。工作电极在3.5% NaCl溶液中浸泡30min，待镀层开路电位稳定后，扫描范围为-1.2～0.8V，以2mV/s扫描速度对镀层进行阴极极化扫描和阳极极化扫描，并在阴极和阳极塔菲尔电位区用外推法确定其腐蚀电流及腐蚀电位。试验时先将试样切割成20mm×20mm的规则小正方形，在试样一角背面焊接铜导线，只留出10mm×10mm的试样表面作为工作面，其他四周及背面均用松香和石蜡密封。待工作面用乙醇擦拭后进行检测。试验装置如图3.1所示。

3. 镀层成形性检测

对镀锌板来说，在工业应用中，由于要经过各种冲压处理，然后制成各种工件，因此镀锌板的成形性是考察其力学性的一个重要指标，关乎着镀层的使用寿命。较好的成形性，预示着镀层在加工的过程中不会开裂或剥落，因此腐蚀介质不能进一步到达钢材表面，这就大大提高了镀层钢板的使用寿命。

本试验将通过拉深试验和金相显微镜检测，初步研究合金元素对镀层成形性的影响。试验采用 GBS-60 型半自动数显杯突试验机，试验过程参照 GB/T 15825.3—2008《金属薄板成形性能与试验方法 第 3 部分：拉深与拉深载荷试验》。具体的拉深试验示意图如图 3.2 所示。

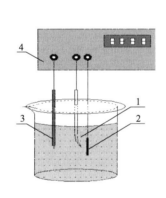

图 3.1　电化学测试示意图

1. 参比电极；2. 工作电极（镀锌板）；3. 铂电极；
4. 电化学工作站

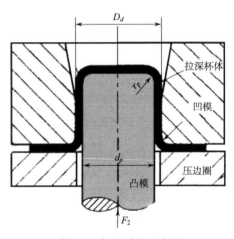

图 3.2　拉深试验示意图

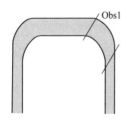

图 3.3　拉深杯的弯曲外表面取样位置

本试验将合金元素含量不同的镀层制备成拉深杯，然后用线切割的方法，在镀层的弯曲外表面处（Obs1）取样，如图 3.3 所示。抛光后用金相显微镜观察弯曲外表面处的截面微观形貌，通过观察是否产生裂纹以及裂纹的大小来评判其成形性。

3.3.3　镀层的微观组织分析

1. 扫描电镜分析

扫描电镜全称为扫描电子显微镜（SEM）。它是一种利用电子束扫描样品表面从而获得样品信息的电子显微镜。它能够产生样品表面的高分辨率图像，通常被用来鉴定样品的表面结构。

与光学显微镜及透射电镜相比，扫描电镜具有以下特点：①样品的制备过程简单；②可以直接观察样品表面的形貌结构；③可以多方位对样品进行观察；④图像景深大，富有立体感；⑤图像分辨率高，放大范围广；⑥在观察过程中，电子束对样品的损伤与污染较小；⑦能对样品作微区成分分析。正是基于以上特点，扫描电镜成为最具优越性、用途最广泛的一种仪器。

本试验使用配有能谱仪的扫描电镜对腐蚀前镀层的表面微观结构和截面微观结构、腐蚀后的镀层表面结构及清除腐蚀产物后的表面形貌进行观察，并用能谱仪对镀层表面各相及腐蚀产物进行成分分析。

试验仪器及设备：扫描电镜（SSX-550 型钨灯丝分析扫描电镜），超声波洗涤器。

试验过程：

（1）检测镀层表面形貌：选择表面光泽良好、厚度均匀的合金镀层样品，用剪板机剪切为 15mm×15mm 的小块，置于装有无水乙醇的烧杯内，并在超声波洗涤器中清洗 10min，取出后用吹风机吹干用于检测。

（2）检测镀层腐蚀后产物形貌：为了清除盐雾腐蚀后腐蚀产物中的氯化钠和少量可溶性产物，用流动的蒸馏水将镀层冲洗 15min，在常温下干燥后用于检测。

（3）检测清除腐蚀产物后镀层表面形貌：用 10%的过硫酸铵溶液浸泡腐蚀后的镀层 10min，用软刷清洗镀层表面的腐蚀产物，用蒸馏水清洗干净后吹干便于检测。

（4）检测镀层的截面形貌：剪取 15mm×15mm 的镀锌板，对镀层截面进行抛光，经无水乙醇清洗后烘干待用。

2. X 射线衍射分析

X 射线衍射分析（XRD）具有快捷、精密、无污染等优点，采用该方法分析研究的材料范围十分广泛，现已成为材料结构研究中重要的方法之一。它的原理是任何两种物质的晶胞大小、质点种类及其在晶胞中的排列方式均不同，当 X 射线被晶体衍射时，每一种物质都有其独特的衍射图样，据此可以鉴别不同物质的物相。本试验过程采用荷兰生产的 PW3040/60 的 X'PertPro MPD 型衍射仪。

试验过程：用剪板机将待测镀层钢板剪成 10mm×10mm 的小片，用无水乙醇清洗后晾干用于检测镀层的相组成；将经过 96h 盐雾腐蚀后的镀层用蒸馏水连续冲洗 15min，烘干后直接在镀层表面检测腐蚀产物的物相。

第 4 章　Zn-6Al-3Mg-Si-RE 镀锌钢板研发

4.1　引　　言

多项科技人员的研究结果均表明 Si 和稀土元素(RE)可提高 Zn-Al 镀层耐蚀性以及改变镀层结构：Morimoto 等[32]发现 Si 可以提高 Zn-5Al-0.1Mg 镀层的耐蚀性；Honda 等[33]研究了 0.2wt%①的 Si 对 Zn-10Al-3Mg 镀层组织的影响，他们发现 Si 可以抑制 Al-Fe 合金层的生长；Yang 等[34]通过中性盐雾试验、电化学测试和全浸试验研究了 La 对 Galvalume 镀层的耐蚀性，研究结果表明，适量的 RE 可以提高 Galvalume 镀层的耐蚀性，他们把这一现象归因于 RE 提高了镀层腐蚀产物的致密性；Rosalbino 等[35]研究了 RE(Ce、Er 和 Y)对 Galfan 镀层(Zn-5Al)耐蚀性的影响，他们发现 RE 元素可以细化镀层组织以及提高镀层的耐蚀性，他们同样把镀层耐蚀性的改善归因于镀层腐蚀产物致密性的提高。Amadeh 等[36]向锌镀层添加了不同量的(0.05wt%、0.1wt%、0.2wt%和 0.5wt%)RE，他们发现 0.1wt%的 RE 可以细化镀层组织、改善镀层的表观质量，中性盐雾试验和全浸试验(海水)的结果显示 RE 可以提高镀层的耐蚀性。

ZAM 镀锌板是 20 世纪 90 年代末由日本的新日铁公司研制成功的，它在大气和加速腐蚀环境下均表现出优良的耐蚀性。很多研究人员通过多种检测方法研究了其在不同环境下的耐蚀性和腐蚀机理，却很少关注如何进一步提高其耐蚀性。通过分析文献资料，可以发现 Si 和 RE 可以提高 Zn-Al 合金镀层的耐蚀性，因此向 ZAM 镀层中添加 Si 和 RE 进一步提高其耐蚀性是可行的。

基于上述分析，本书作者团队的研究人员采用 SEM、EDS、XRD 等检测手段研究了合金元素 Si 和 RE 的加入量对 ZAM 镀层表面和截面微观结构的影响；通过中性盐雾试验、全浸试验和电化学测试等多种测试手段研究了 Si 和 RE 对 ZAM 镀层耐蚀性的影响；通过拉深试验和中性盐雾试验综合地研究了 Si 和 RE 加入量对 ZAM 镀层成形性的影响。采用 XRD 和 SEM 分析了镀层腐蚀产物的物相与形貌及镀层的腐蚀类型，并分析了 Si 和 RE 对 ZAM 镀层腐蚀机理的影响。研发了比 ZAM 耐蚀性更高、成形性更加优良的热浸镀 Zn-6Al-3Mg-Si-RE 合金镀锌板，并获得授权发明专利。本章将结合本团队以往的研究成果，对热浸镀 Zn-6Al-3Mg-Si-RE 合金镀锌板的微观结构、耐蚀性和成形性进行详细描述，特别

---

① wt%表示质量分数。

是 Si 和 RE 的显著作用将为以后热浸镀多元合金钢板的研制提供理论依据与借鉴作用。

4.2　Si 和 RE 对 ZAM 镀层表面微观结构的影响

经过电解助镀工艺对钢板进行前处理，采用实验室热浸镀锌模拟试验机，在 530℃的热浸镀温度下制备热浸镀钢板。

4.2.1　Si 对 ZAM 镀层表面微观结构的影响

通过 SEM、EDS 和 XRD 等检测手段研究 Si 对 ZAM 镀层表面微观结构的影响，特别是对合金元素在镀层不同区域分布特性的影响。图 4.1、图 4.2 和表 4.1 分别为 ZAM 和 Zn-6Al-3Mg-0.1Si 镀层的表面微观组织的 SEM 图、不同区域的 EDS 能谱图和能谱图对应区域的成分分析结果。观察图 4.1(a) 和 (b) 可知，ZAM 镀层主要由共晶组织构成，共晶组织分布于一个个共晶团中。

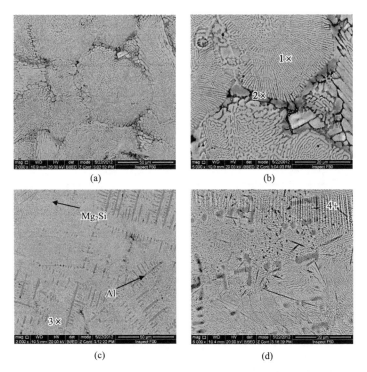

图 4.1　ZAM 和 Zn-6Al-3Mg-0.1Si 镀层的 SEM 图 (背散射图)

(a) ZAM；(b) 图 (a) 局部放大图；(c) Zn-6Al-3Mg-0.1Si (低倍)；(d) Zn-6Al-3Mg-0.1Si (高倍)

值得注意的是镀层晶界紊乱，且组织呈现出不均匀性：①Mg 在晶界处的含量为 3wt%，高于锌液中 Mg 的含量，如图 4.2(a) 和 (b) 所示；②Al 在 ZAM 镀层中的各种相中的含量均比较低（锌液中的 Al 的质量分数为 6wt%）；③共晶组织中 Mg 的含量为 6.64wt%。资料表明：Mg 在晶界析出可以起到细化晶粒、强化晶界的作用。随着 Si 的加入（加入量为 0.1wt%），镀层的表面组织发生显著的变化，镀层表面出现富铝枝晶、针状和点状的 Mg₂Si 相，晶界变为线状，如图 4.1(c) 和 (d) 以及表 4.1 所示。同时，共晶团显著细化，从直径 50μm 左右细化到 20μm 左右。

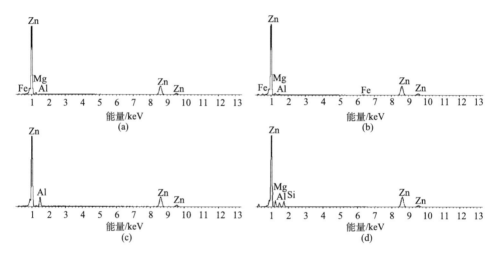

图 4.2　图 4.1 中镀层不同区域的 EDS 能谱图

(a) 点 1 能谱；(b) 点 2 能谱；(c) 点 3 能谱；(d) 点 4 能谱

表 4.1　图 4.1 中镀层不同区域 EDS 检测结果

点序号 [a]	Zn/wt%	Al/wt%	Fe/wt%	Mg/wt%	Si/wt%
1	92.44	0.52	0.40	6.64	——
2	92.74	1.41	0.63	5.22	——
3	84.13	15.87	——	——	——
4	75.71	5.54	——	11.64	7.06

a. 编号位置如图 4.1 所示。

4.2.2　RE 对 Zn-6Al-3Mg-0.1Si 镀层表面微观结构的影响

本节研究 RE（镧铈混合稀土，镧的含量为 35.4%，铈的含量为 64.51%）添加量（0.05wt%、0.10wt%、0.15wt%、0.20wt%、0.25wt%）对 Zn-6Al-3Mg-0.1Si 镀层微观组织的影响，不同镀层的 SEM 图如图 4.3 所示。对比 Zn-6Al-3Mg-0.1Si

［图 4.3(a)］和 Zn-6Al-3Mg- 0.1Si-0.05RE［图 4.3(b)］的 SEM 图可以发现 0.05wt% 的 RE 可以细化镀层表面的富铝相，但是细化得不充分。当 RE 添加量为 0.10wt% 时，镀层表面的富铝相细化为小球状，并且呈直线分布［图 4.3(c)］，EDS 检测结果显示富铝相由 Zn 和 Al 构成［图 4.4(a)和表 4.2］。此外，图 4.3(c) 中可以发现 8 个共晶团（晶界如图中箭头所示），因此 RE 表现出细化晶粒的作用。图 4.3(d) 为 Zn-6Al-3Mg-0.1Si-0.25RE 镀层表面的 SEM 图，观察后可以发现在该镀层表面出现了灰白色的稀土富集相，其元素组成如图 4.4(b) 和表 4.2 所示。由于稀土富集相的出现，稀土细化镀层组织的作用减弱，镀层表面生成块状富铝相，镀层组织的均匀性也显著下降。

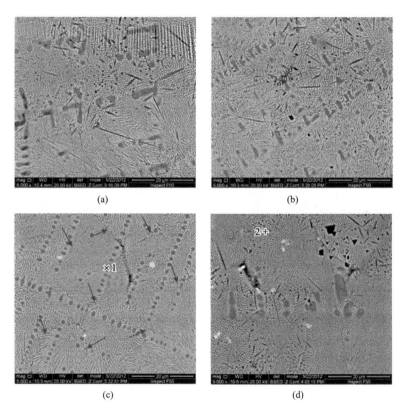

图 4.3　不同 RE 含量的 Zn-6Al-3Mg-0.1Si 镀层的 SEM 图(背散射图)

(a) Zn-6Al-3Mg-0.1Si；　(b) Zn-6Al-3Mg-0.1Si-0.05RE；　(c) Zn-6Al-3Mg-0.1Si-0.1RE；

(d) Zn-6Al-3Mg-0.1Si-0.25RE

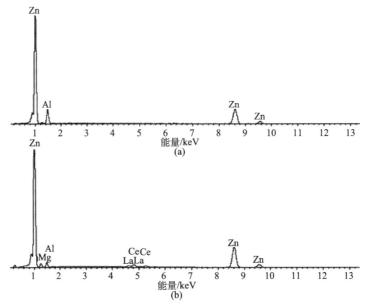

图 4.4　图 4.3 中镀层不同区域的 EDS 能谱图

(a) 点 1 能谱；(b) 点 2 能谱

表 4.2　图 4.3 中镀层不同区域 EDS 检测结果

点序号 [a]	Zn/wt%	Al/wt%	Mg/wt%	La/wt%	Ce/wt%
1	72.72	27.28	—	—	—
2	82.45	3.82	4.13	3.27	6.33

a. 编号位置如图 4.3 所示。

对比 ZAM 和 Zn-6Al-3Mg-0.1Si-0.1RE 镀层的表面微观结构可以发现：在 0.1wt% Si 和 0.1wt% RE 的共同作用下，ZAM 镀层的均匀性已得到明显改善。文献表明[37]：锌铝合金液中的杂质元素（S 和 O 等），在热浸镀后钢板表面锌液的凝固过程中将在镀层的晶界析出，因此镀层晶界不稳定，这也正是 Zn-Al 合金镀层的腐蚀类型为晶间腐蚀的原因。RE 元素能与杂质元素反应，生成稳定的氧化物和硫化物，它们在钢板表面锌液凝固过程中将作为异质形核的核心起到阻止晶粒生长和细化镀层组织的作用。

图 4.5 为添加 Si 和 RE 前后 ZAM 镀层的 XRD 图，观察图 4.5(a) 后可知，ZAM 镀层由 Zn 和 $MgZn_2$ 构成，但是该镀层表面没有检测出 Al 相（如图中局部放大图和竖线所示），这与锌液中的铝含量（6wt%）是相矛盾的，这一现象的原因将在 4.3 节中详细讨论。添加 Si 后，Zn-6Al-3Mg-0.1Si 镀层表面除了 Zn 和 $MgZn_2$ 相外还出现了 Al 相，如图 4.5(b) 所示，这是因为 Si 添加后镀层表面出现了 Al 枝晶。添

加 RE 镀层的 XRD 图如图 4.5(c) 和(d) 所示，RE 的加入没有改变 Zn-6Al-3Mg-0.1Si 镀层的相组成，即使是镀层表面存在有稀土富集相的 Zn-6Al-3Mg-0.1Si-0.25RE 镀层，在 XRD 检测中也没有检测出相关的稀土富集相，这是由于稀土富集相的含量比较低。

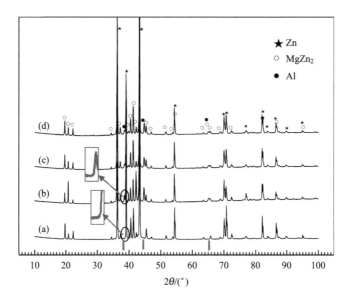

图 4.5　ZAM(a)、Zn-6Al-3Mg-0.1Si(b)、Zn-6Al-3Mg-0.1Si-0.1RE(c)
和 Zn-6Al-3Mg-0.1Si-0.25RE(d) 镀层表面的 XRD 图

4.3　Si 和 RE 对 ZAM 镀层截面微观结构的影响

镀锌板的耐蚀性和成形性与镀层的截面微观组织、厚度以及合金元素在其中的分布规律密切相关。采用 SEM、EDS 点分析和面扫描研究了 ZAM、Zn-6Al-3Mg-0.1Si 和 Zn-6Al-3Mg-0.1Si-0.1RE 镀层的截面结构，通过对比研究了 Si 和 RE 对镀层微观组织、厚度以及合金元素(特别是 Al) 分布规律的影响。

4.3.1　Si 对 ZAM 镀层截面微观结构的影响

图 4.6 为 ZAM 镀层截面的 SEM 图、EDS 能谱点成分分析结果以及 Fe、Al 和 Zn 元素面扫描图，观察这些图和 EDS 点成分分析结果可以得出如下结论：

(1) 图(a)：ZAM 镀层的厚度约为 33μm；ZAM 镀层中有一些缺陷，如镀层的内层分布疏松和有孔。ZAM 镀层为双层结构，内层为含有少量 Zn 的 Al-Fe 合金层，该合金层的厚度约为 16μm；外层为含有少量的 Al 的 Zn/MgZn$_2$ 共晶组织，这一结论是综合结论(3)、(4)和(5)得出的；镀层/钢的界面粗糙不平是剧烈的铝铁反应导致的。

(2)图(b)：Al-Fe合金层由直径约为1μm的含有少量锌的球形Fe_2Al_5相构成，该结论是由结论(6)得出的。

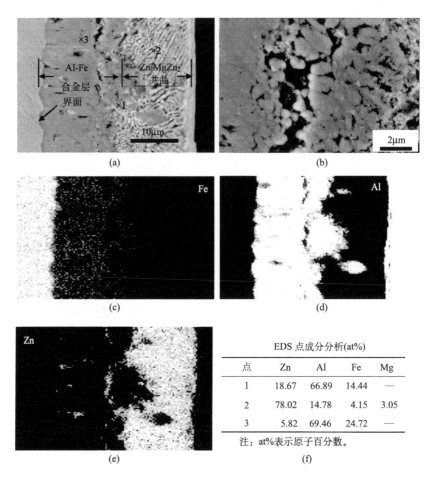

EDS 点成分分析(at%)

点	Zn	Al	Fe	Mg
1	18.67	66.89	14.44	—
2	78.02	14.78	4.15	3.05
3	5.82	69.46	24.72	—

注：at%表示原子百分数。

图 4.6　ZAM 镀层截面的 SEM 图[(a)、(b)]、EDS 分析结果(f)以及图(a)的 Fe、Al 和 Zn 面扫描图[(c)～(e)]
(b) 图(a)的局部放大图

(3)图(c)：铁元素主要分布于钢板和 Al-Fe 合金层中，铁在 Fe-Al 合金层大量分布是由于热浸镀过程以及镀后钢板表面锌液的凝固过程中 Al/Fe 发生的剧烈反应，在反应过程中 Fe 不断地从钢板表面向外扩散形成 Al-Fe 合金层。

(4)图(d)：Al 元素主要分布在 Al-Fe 合金层中，而在 $Zn/MgZn_2$ 共晶组织中分布却很少；Al 的分层现象是因为 Al/Fe 反应速率比 Zn/Fe 反应速率大得多，Al

向 Fe 浓度高的内层扩散；Al 在 ZAM 外侧镀层分布量极少，这是因为镀层表面 XRD 检测过程中没有检测到 Al 相。

（5）图（e）：Zn 主要在 Zn/MgZn$_2$ 富集，而在 Al-Fe 合金层中的分布量却很少，原因如结论（4）所示。

（6）图（f）：铁在镀层的横截面上存在浓度梯度，由内到外含量逐渐降低，如点 1、2 和 3 的能谱检测结果所示。Al-Fe 合金层中 Fe/Al 的原子比为 24.72∶69.46，该比例接近于 Fe$_2$Al$_5$ 相中 Fe/Al 的原子比，因此可以认定 Al-Fe 合金层由含有少量 Zn 的 Fe$_2$Al$_5$ 相构成[38]。

图 4.7 为 Zn-6Al-3Mg-0.1Si 镀层的截面 SEM 图、EDS 能谱点成分分析结果以及 Fe、Al 和 Zn 元素面扫描图，观察这些图和 EDS 点成分分析结果可以得出如下结论：

（1）图（a）：Zn-6Al-3Mg-0.1Si 镀层的厚度约为 23μm，与 ZAM 镀层相比厚度减薄了约 10μm，镀层中没有缺陷；在 Zn-6Al-3Mg-0.1Si 镀层/钢的界面上只存在一个厚度仅约 1μm 的合金层；Zn-6Al-3Mg-0.1Si 镀层由 Zn/Al/MgZn$_2$ 三元共晶组织和块状相构成，其中块状相为铝枝晶[这一结论是在结论（4）的基础上得出的]。

（2）图（b）：位于镀层/钢界面上的合金层由含有 Zn 和 Si 的球形 Fe$_2$Al$_5$ 相构成，其粒径为 20～100nm。

（3）图（c）：从铁的面扫描图可以看出在热浸镀 Zn-6Al-3Mg-0.1Si 合金的过程中铁的扩散已基本全部被抑制，该元素只分布于钢板中，这主要是由于生成的纳米级含硅 Fe$_2$Al$_5$ 相阻碍了 Al-Fe 反应，从而阻碍了铁的扩散。

（4）图（d）：Al 主要分布于 Al 枝晶和 Zn/Al/MgZn$_2$ 三元共晶组织中，并且在钢板热浸镀后，钢板表面锌液凝固过程中，Al 有在镀层表面富集的倾向。

（5）图（e）：Zn 元素主要分布于 Zn/Al/MgZn$_2$ 三元共晶组织中，而在 Al 枝晶中分布量很少。

（6）图（f）：Si 主要在镀层/钢界面层内富集，可以抑制 Al-Fe 和 Zn-Fe 反应；镀层中黑色块状相为富铝枝晶。

此外，他人的研究表明 Si 加入锌合金液后，在热浸镀过程中 Si 主要在基体和镀层界面析出，可以提高镀层的附着性，并能减薄镀层，提高镀层的加工性能。

4.3.2　RE 对 Zn-6Al-3Mg-0.1Si 镀层截面微观结构的影响

选取表面微观结构最均匀的 Zn-6Al-3Mg-0.1Si-0.1RE 镀层的截面为研究对象，研究了 RE 对镀层截面微观结构的影响，如图 4.8 所示。从图中可以清楚地发现在 RE 的作用下镀层的微观组织已经变得相当均匀，镀层/钢的界面处也存在一薄层黑色的合金层。Zn-6Al-3Mg-0.1Si 镀层中的 Al 枝晶在 RE 的作用下已经细化为点状和条带状，因此 Zn-6Al-3Mg-0.1Si-0.1RE 镀层主要由 Zn/Al/MgZn$_2$ 三元共晶组

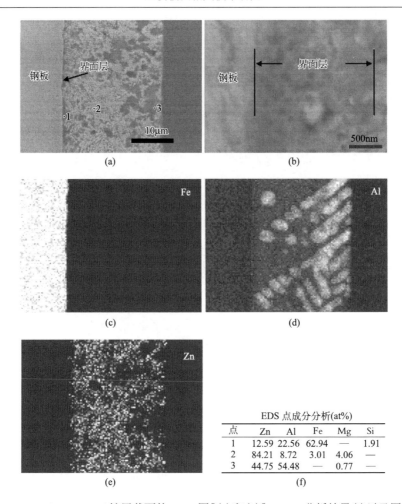

EDS 点成分分析(at%)

点	Zn	Al	Fe	Mg	Si
1	12.59	22.56	62.94	—	1.91
2	84.21	8.72	3.01	4.06	—
3	44.75	54.48	—	0.77	—

(f)

图 4.7　Zn-6Al-3Mg-0.1Si 镀层截面的 SEM 图[(a)和(b)]、EDS 分析结果(f)以及图(a)的

Fe、Al 和 Zn 面扫描图[(c)～(e)]

(b)图(a)的局部放大图

织构成。RE 可以降低锌液黏度,提高其流动性,对比 Zn-6Al-3Mg-0.1Si-0.1RE(约 18μm)和 Zn-6Al-3Mg-0.1Si(约 23μm)的厚度可以发现在 RE 的作用下镀层的平均厚度又下降了约 5μm。对比 ZAM、Zn-6Al-3Mg-0.1Si 和 Zn-6Al-3Mg-0.1Si-0.1RE 镀层的微观组织可以发现在 Si 和 RE 的共同作用下 Zn-6Al-3Mg-0.1Si-0.1RE 镀层已经变得均匀(包括表面组织和截面组织)。

基于镀层表面及界面 SEM 检测和 XRD 检测结果的一些初步结论:

(1)ZAM 镀层由 Fe-Al 合金层和 Zn/MgZn$_2$ 共晶组织构成。

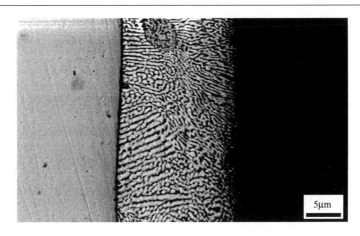

图 4.8　Zn-6Al-3Mg-0.1Si-0.1RE 镀层截面的微观组织

(2)Zn-6Al-3Mg-0.1Si 镀层主要由 Zn/Al/MgZn$_2$ 共晶组织、Al 枝晶和 Mg$_2$Si 相构成。

(3)少量的稀土(0.05wt%)可以细化 Al 枝晶，但是细化得不完全，镀层的组织仍不均匀；RE 添加量提高到 0.1wt%时，镀层表面的铝枝晶细化为点状，镀层组织得到细化并显示出良好的组织均匀性，Zn-6Al-3Mg-0.1Si-0.1RE 镀层主要由 Zn/Al/MgZn$_2$ 共晶组织构成；当 RE 含量进一步提高时，在镀层表面生成了灰白色的稀土富集相。

Zn-Al 合金镀层之所以有高的耐蚀性是因为 Zn 的腐蚀防护作用和 Al 的钝化作用。Hosking 等[39]的研究成果表明：Zn-Al 合金的耐蚀性与其中的 Al 含量相关，通常情况下是 Al 含量越高，镀层的耐蚀性越好。在镀层的腐蚀过程中，Al 可以阻止 Zn 的溶解，并且可以显著地提高镀层抗氯离子腐蚀的能力，这主要是因为腐蚀过程中镀层表面的 Al 生成了一层致密的、连续的、不溶解的 Al$_2$O$_3$·3H$_2$O 层，该水合氧化铝层可以为镀层提供良好的隔离防护作用，使镀层具有优良的抗大气腐蚀的能力，甚至是抗酸腐蚀的能力。

基于上述分析，我们可以进行如下预测：①在 ZAM 镀层中 Al 主要分布于 Al-Fe 合金层中，表层的 Al 含量比较低，Al 的这一分布特点将限制其发挥钝化作用，因此不利于 ZAM 镀层的耐蚀性；②在 ZAM 镀层中添加 0.1wt% Si 和 0.1wt% RE 后镀层变得均匀，特别是 Al 在镀层中的分布变得均匀，这将有利于其发挥钝化作用，因此可以提高镀层的耐蚀性。

4.4　Si 和 RE 对 ZAM 镀层质量和化学成分的影响

采用 Profile 型直读中阶梯光栅 ICP 发射光谱仪(美国 Leeman Lab)研究了 Si

和 RE 对镀层化学学分的影响,即对镀层微观生长的影响。镀层质量及化学成分检测方法:

(1)剪取约 200cm² 的镀锌板,测量面积 $S(m^2,双面)$,用无水乙醇清洗后称量,此时的质量记为 $W_1(g)$。

(2)配制浓度为 5%(体积分数)的 HCl 溶液,加入少量铁的缓蚀剂(六次甲基四胺),将清洗后的钢板置于 HCl 溶液中,使表面的锌合金层溶解,直至没有气泡冒出,此时的溶液记为 1#溶液。

(3)取出钢板,用蒸馏水冲洗(洗水回收,此溶液记为 2#溶液),然后用无水乙醇清洗,用吹风机吹干后称量,此时的质量记为 $W_2(g)$。

(4)依照公式 $W = (W_1 - W_2) / S$ 计算镀层的质量(单面,g/m^2)。

(5)将 1#和 2#溶液混合后用 ICP 测定其中的元素含量,换算为质量比,即为镀层的化学成分。

本研究采用 ICP 检测了镀层的化学成分、镀层质量,化学成分检测结果如表 4.3 所示,从中可以发现在 ZAM 镀层中 Al 的含量为 10.68wt%,远远超过了 Zn-6Al-3Mg 合金液中 Al 的含量(6wt%),这是热浸镀锌过程中 Al 和 Fe 发生剧烈化学反应的另外一个证据,镀层中 Al 含量如此高将不利于锌锅内锌液成分的控制。Zn-6Al-3Mg-0.1Si 镀层中 Al 的含量为 5.95wt%(接近于锌液中 Al 的含量,有利于锌液成分的稳定),铁的含量仅为 0.41wt%,这也是 Si 可以抑制 Al-Fe 反应的一个有力证据。与 Zn-6Al-3Mg-0.1Si 镀层相比,RE 基本没有改变镀层的化学成分,Zn-6Al-3Mg-0.1Si-0.1RE 的成分与 Zn-6Al-3Mg-0.1Si 大致相同(RE 除外)。

表 4.3　镀层的质量和化学成分(wt%)

样品	镀层质量 a	Al	Mg	Si	Fe	RE	Zn
ZAM	186.5	10.68	2.26	—	8.92	—	余量
Zn-6Al-3Mg-0.1Si	150.4	5.95	2.87	0.08	0.41	—	余量
Zn-6Al-3Mg-0.1Si-0.1RE	108.2	5.86	2.92	0.07	0.25	0.09	余量

a. 单面镀层的质量,单位为 g/m^2。

本研究用失重法检测了镀层的质量(即锌耗),观察表 4.3 可知随着 Si 和 RE 的加入,镀层的质量逐渐减小。这是因为 Si 的加入抑制了 Al-Fe 反应,在 Zn-6Al-3Mg-0.1Si 镀层中 Al-Fe 合金层基本消失,镀层厚度变薄,RE 的加入提高了锌液的流动性,因此降低了镀层的厚度。

4.5　Si 和 RE 对 ZAM 镀层厚度的影响

镀层的厚度是镀锌板的一项重要的质量指标，它与镀锌过程中的锌合金的消耗、镀锌板的成形性和使用寿命密切相关，本试验研究用光学显微镜(OM)测量镀层的厚度。将镀锌板的截面经机械抛光后在显微镜下进行观察，用显微镜的测距功能测量镀层的厚度，每种镀层选取 20 个不同的视场(钢板两侧各 10 个)进行观察，然后求平均值，以此分析 Si 和 RE 对 ZAM 镀层厚度的影响，检测结果如表 4.4 所示。观察表 4.4 可知，在采用的热浸镀工艺参数条件下，ZAM 镀层的厚度为 33.0μm，而 Zn-6Al-3Mg-0.1Si 镀层的厚度为 22.4μm，因此 Si 的加入显著地降低了镀层的厚度。随着 RE 的加入，镀层的厚度逐渐降低，Zn-6Al-3Mg-0.1Si-0.25RE 镀层的厚度仅为 11.2μm。在热浸镀锌行业中，镀层的厚度的降低意味着锌耗以及生产成本降低，因此 Si 和 RE 的加入将有利于降低 ZAM 镀锌板的生产成本。

表 4.4　不同 Si 和 RE 添加量的 ZAM 镀层的厚度

镀层种类	平均厚度/μm[a]	镀层种类	平均厚度/μm[a]
ZAM	33.0	Zn-6Al-3Mg-0.1Si-0.15RE	15.4
Zn-6Al-3Mg-0.1Si	22.4	Zn-6Al-3Mg-0.1Si-0.2RE	11.8
Zn-6Al-3Mg-0.1Si-0.05RE	20.4	Zn-6Al-3Mg-0.1Si-0.25RE	11.2
Zn-6Al-3Mg-0.1Si-0.1RE	18.5		

a. 指的是 20 个视场所测厚度的平均值。

4.6　Si 和 RE 对 ZAM 镀层耐蚀性的影响

采用中性盐雾试验(试验条件参照 GB/T 10125—2012，试验周期为 96h)、电化学测试(电位扫描速度 1mV/s)和全浸试验(试验条件参照 JB/T7901—1995)综合评价 Si 和 RE 对 ZAM 镀层耐蚀性的影响。

4.6.1　中性盐雾试验

中性盐雾试验检测镀层耐蚀性具有快速、重现性好、易控制的优点。首先采用中性盐雾试验和失重法研究 Si 和 RE 对 ZAM 镀层耐蚀性的影响，ZAM 系列镀层在盐雾试验中的腐蚀速度如表 4.5 所示，为更直观地观察评价 Si 和 RE 对 ZAM 镀层耐蚀性的影响，依据表 4.5 中的数据绘制了相应的柱状图，如图 4.9 所示。观察后可以清楚地发现，Si 可以提高 ZAM 镀层的耐蚀性，但是提高的幅度并不大，只有 19.6%。随着 RE 加入量的增加，Zn-6Al-3Mg-0.1Si 镀层的耐蚀性先增强后减弱，ZAM 镀层和 Zn-6Al-3Mg-0.1Si-0.1RE 镀层在盐雾中的腐蚀速度分别为 0.056 g/(m² · h) 和 0.033g/(m² · h)，因此与 ZAM 镀锌相比，Zn-6Al-3Mg-0.1Si-0.1RE 镀层的腐蚀速度下降了 41.1%。当 RE 添加过量时，在镀层表面生成了稀土富集相，其产生削弱了稀土细化晶粒和富铝相的作用，降低了镀层的均匀性。此外，稀土富集相的产生将使镀层发生局部腐蚀并降低镀层的耐腐蚀性，这是 RE 添加量过量时镀层耐蚀性降低的原因之一。

表 4.5　不同 Si 和 RE 添加量的 Zn-6Al-3Mg 镀层的腐蚀速度

镀层编号	镀层成分	腐蚀速度/[g/(m² · h)]
A	Zn-6Al-3Mg	0.056
B	Zn-6Al-3Mg-0.1Si	0.045
C	Zn-6Al-3Mg-0.1Si-0.05RE	0.042
D	Zn-6Al-3Mg-0.1Si-0.1RE	0.033
E	Zn-6Al-3Mg-0.1Si-0.15RE	0.047
F	Zn-6Al-3Mg-0.1Si-0.2RE	0.051
G	Zn-6Al-3Mg-0.1Si-0.25RE	0.054

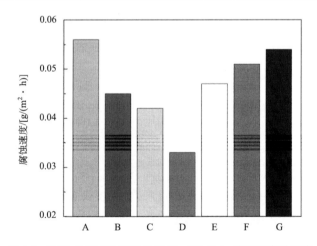

图 4.9　不同 Si 和 RE 添加量的 Zn-6Al-3Mg 镀层的腐蚀速度

镀层的编号如表 4.5 所示

4.6.2　电化学测试

采用动电位极化测试研究 Si 和 RE 对 ZAM 镀层电化学性能的影响。测试前，先将样品置于浓度为 3.5wt% 的 NaCl 溶液中浸泡 30min，以获得稳定的开路电位。用三电极体系进行检测，饱和甘汞电极作参比电极，铂电极作对电极，镀锌钢板作工作电极。对镀锌板进行极化测试后，在阴极和阳极塔菲尔电位区用外推法确定镀锌板的腐蚀电流和腐蚀电位[40,41]。图 4.10 为不同 Si 和 RE 含量的 ZAM 镀层的极化曲线，根据极化曲线推算的相关数据如表 4.6 所示。观察图 4.10 可知，不同 Si 和 RE 含量的 ZAM 镀层的极化曲线的形状大致相同。如表 4.6 所示，镀层的腐蚀电位大致相同，基本在 −1.08V vs.SCE 左右，远低于铁的腐蚀电位，因此所有的镀层都可以为钢板提供牺牲阳极防护，但是不同的镀层在腐蚀电流方面表现出较大的差异。根据法拉第定律，不同的腐蚀电流预示着不同的腐蚀速度，ZAM 和 Zn-6Al-3Mg-0.1Si 的腐蚀电流 (I_{corr}) 分别为 $0.92\mu A/cm^2$ 和 $0.53\mu A/cm^2$，因此 Si 的加入提高了 ZAM 镀层的耐蚀性。此外，随着 RE 的加入，镀层的腐蚀电流先减小后增大，Zn-6Al-3Mg-0.1Si-0.1RE 的腐蚀电流最小 ($0.30\mu A/cm^2$)，说明该镀层的耐蚀性最强。

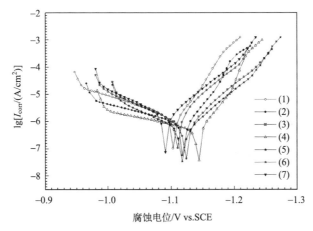

图 4.10　不同 Si 和 RE 添加量的 ZAM 镀层的极化曲线 (图中标号与表 4.6 中编号对应)

表 4.6　极化曲线处理的数据

镀层编号	镀层种类	β_a /(mV/dec)	β_c /(mV/dec)	I_{corr} /(μA/cm^2)	E_{corr} /V vs.SCE
1	Zn-6Al-3Mg	21.98	76.27	0.92	−1.094
2	Zn-6Al-3Mg-0.1Si	22.92	99.64	0.53	−1.082
3	Zn-6Al-3Mg-0.1Si-0.05RE	28.03	74.32	0.46	−1.079
4	Zn-6Al-3Mg-0.1Si-0.1RE	23.44	112.42	0.30	−1.068
5	Zn-6Al-3Mg-0.1Si-0.15RE	29.70	58.41	0.39	−1.083
6	Zn-6Al-3Mg-0.1Si-0.2RE	28.23	57.43	0.67	−1.095
7	Zn-6Al-3Mg-0.1Si-0.25RE	32.17	37.93	0.99	−1.107

4.6.3　全浸试验

采用全浸试验(腐蚀液为 5wt% NaCl 溶液)检测镀锌板的使用寿命,样品的制备方法如下:用熔化的松香和石蜡(比例为 1:1)密封样品侧面及背面,用无水乙醇清洗镀层样品表面,电吹风吹干后待用。全浸试验一直持续到镀锌板 25% 的表面生成红锈结束(认定此时的镀层失效),以镀锌板在氯化钠溶液中的抗腐蚀时间作为镀锌板的使用寿命。

不同 Si 和 RE 含量的 ZAM 镀层在 5wt% NaCl 溶液中的抗腐蚀时间如表 4.7 所示。观察表 4.7 可知,ZAM 在 5wt% 的 NaCl 溶液中的使用寿命为 6456h,而 Zn-6Al-3Mg-0.1Si 的使用寿命为 8160h,显然 Si 可以提高 ZAM 镀层的耐蚀性。此外,随着 RE 加入量的增加,Zn-6Al-3Mg-0.1Si-RE 镀层的使用寿命呈现出先增后减的趋势,其中 Zn-6Al-3Mg-0.1Si-0.1RE 镀层的使用寿命最长(10440h)。

表 4.7　不同 Si 和 RE 添加量的 ZAM 镀层在 5wt% NaCl 溶液中的抗腐蚀时间

镀层种类	耐久性/h	镀层种类	耐久性/h
ZAM	6456	Zn-6Al-3Mg-0.1Si-0.15RE	8928
Zn-6Al-3Mg-0.1Si	8160	Zn-6Al-3Mg-0.1Si-0.20RE	8016
Zn-6Al-3Mg-0.1Si-0.05RE	9456	Zn-6Al-3Mg-0.1Si-0.25RE	7224
Zn-6Al-3Mg-0.1Si-0.1RE	10440		

在不同的腐蚀阶段用数码相机对镀锌板拍照,所得照片如图 4.11 所示,并对比不同镀层的宏观形貌(腐蚀产物)。镀层腐蚀产物的致密性和黏附性将影响其通透性,致密性和黏附性好的腐蚀产物可以有效地阻止腐蚀介质(空气、水和氯离子等)对镀层进行腐蚀,提高镀层的耐蚀性[42,43];相反,疏松和易脱落的腐蚀产物对镀层的保护要差得多,预示着镀层有较快的腐蚀速度。本研究对镀层腐蚀产物的宏观形貌进行了对比,以此分析镀层的耐蚀状况,并分析镀层耐蚀性改变的原因。

图 4.11(a)～(d)为 ZAM 镀层表面在不同腐蚀阶段的宏观照片。从图 4.11(a)可以看出在腐蚀的初始阶段(前 240h)镀层发生局部腐蚀;随着腐蚀的进行,镀层表面开始产生白锈[第 720h,如图 4.11(b)所示];在腐蚀的第三阶段[第 3600h,如图 4.11(c)所示]镀层表面全部被白锈覆盖,很显然白锈的致密性和附着性比较差;在腐蚀的最后阶段[第 6456h,如图 4.11(d)所示]白锈处的腐蚀产物脱落,约 25% 的镀层表面产生了红锈,认定此时镀层失效。在早期白锈处产生红锈也说明了疏松、附着性差的白色腐蚀产物对镀层的防护性差。

图 4.11(e)～(h)为 Zn-6Al-3Mg-0.1Si 镀层表面在不同腐蚀阶段的宏观照片。从图 4.11(e)可以看出在腐蚀的初始阶段(前 240h)镀层开始了局部腐蚀;在腐蚀

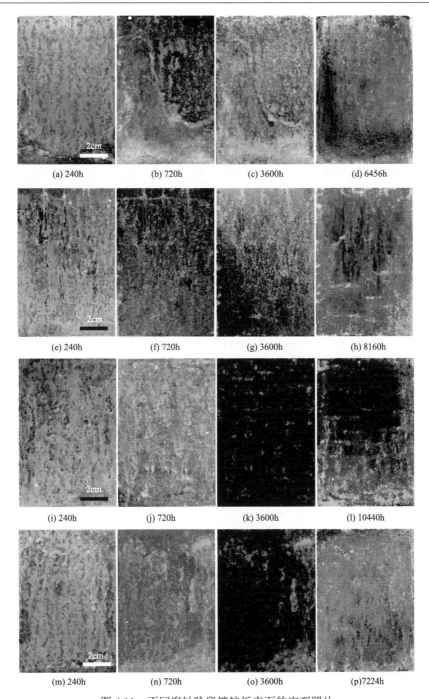

图 4.11　不同腐蚀阶段镀锌板表面的宏观照片

(a)～(d)：ZAM；(e)～(h)：Zn-6Al-3Mg-0.1Si；(i)～(l)：Zn-6Al-3Mg-0.1Si-0.1RE；

(m)～(p)：Zn-6Al-3Mg-0.1Si-0.25RE

的第二阶段(第 720h)镀层表面全部开始腐蚀[图 4.11(f)],并产生白锈,但是与图 4.11(b)相比白锈产量明显少得多;在腐蚀的第三阶段[第 3600h,如图 4.11(g)所示]镀层表面产生的白锈量也少于同期的 ZAM 镀层[图 4.11(c)],而且均匀性也优于 ZAM;在腐蚀的最后阶段[第 8160h,如图 4.11(h)所示]白锈脱落,约 25%的镀层表面产生了红锈,认定此时镀层失效。

图 4.11(i)～(l)为 Zn-6Al-3Mg-0.1Si-0.1RE 镀层表面在不同腐蚀阶段的宏观照片。从图 4.11(i)可以看出在腐蚀的初始阶段(前 240h)镀层开始了程度很低的局部腐蚀;随着腐蚀的进行(第 720h)镀层表面全部开始腐蚀,并产生少量白锈;在腐蚀的第三阶段(第 3600h)镀层表面基本全部被均匀的、致密的、黏附性好的黑色腐蚀产物所覆盖,如图 4.11(k)所示;镀层的耐蚀性与镀层的形貌有很大的关系,致密性和黏附性好的腐蚀产物能同时抑制阴极反应和阳极反应,因此可以为镀层提供长期的防护。在腐蚀的最后阶段(第 10440h),约 25%的镀层表面产生了红锈,如图 4.11(l)所示,认定此时镀层失效。Zn-6Al-3Mg-0.1Si-0.1RE 镀层的厚度虽然只有 ZAM 镀层的 56.1%,但是其使用寿命却比 ZAM 提高了 61.7%,充分体现了Zn-6Al-3Mg-0.1Si-0.1RE 镀层具有更加优良的耐蚀性。

图 4.11(m)～(p)为 Zn-6Al-3Mg-0.1Si-0.25RE 镀层表面在不同腐蚀阶段的宏观照片。从图 4.11(m)可以看出在腐蚀的初始阶段(前 240h)镀层开始了局部腐蚀;随着腐蚀的进行(第 720h),镀层表面全部开始腐蚀,镀层表面被不均匀的灰黑色腐蚀产物覆盖,如图 4.11(n)所示;在腐蚀的第三阶段(第 3600h),部分区域的白色腐蚀产物脱落,但主要由黑色的腐蚀产物覆盖,如图 4.11(o)所示;在腐蚀的最后阶段(第 7224h),约 25%的镀层表面产生了红锈,如图 4.11(p)所示,认定此时镀层失效,值得注意的是红锈为点状,并近乎均匀地分布在镀锌板表面,说明镀层发生了点蚀,这或许与镀层表面生成的稀土富集有关。与 Zn-6Al-3Mg-0.1Si-0.1RE 镀层相比,Zn-6Al-3Mg-0.1Si-0.25RE 镀层的使用寿命虽然大幅降低,但是仍优于 ZAM 镀层。

综上所述,镀层在 5wt% NaCl 溶液中的耐久性与其腐蚀产物的状态有密切的关系,致密、均匀、黏附性好的腐蚀产物有助于镀层耐蚀性的提高,此外镀层的厚度也是影响镀层使用寿命的一个重要的因素。Zn-6Al-3Mg-0.1Si-0.1RE 镀层腐蚀产物表现出良好的致密性和均匀性,而且其耐蚀性最好,这些均是该镀锌板在5wt% NaCl 溶液中使用寿命最长的原因。

4.7　Si 和 RE 对 ZAM 镀层成形性的影响

成形性是镀锌板的一项重要质量指标,它的优劣决定着镀锌板的使用寿命。如果镀锌板的成形性差,在机械加工过程中镀层会开裂、剥落甚至粉化,腐蚀介质将通过这些缺陷直达钢材的表面对其进行腐蚀，这将严重缩短镀锌钢板的使用寿命。采用拉深试验(GB/T 15825.3—2008《金属薄板成形性能与试验方法》)和中性盐雾试验(试验条件参照 GB/T 10125—2012)系统地评价了合金元素对镀锌板成形性的影响，评价程序如下：

（1）通过拉深试验制作拉深杯，拉深试验的示意图和拉深杯的实物图如图 4.12 所示，试验参数如表 4.8 所示。

（2）将制作的拉深杯表面的润滑油用无水乙醇清洗干净，分组将拉深杯用石蜡固定在绝缘胶木板上(镀锌板切边全部用石蜡密封，两者的质量比为 1∶1)，然后置于盐雾箱中对其进行腐蚀，一段时间后镀层弯曲外表面(Obs，如图 4.12 所示)会产生红锈，认定当 25%的镀锌板弯曲外表面产生红锈时镀层失效，以拉深杯在中性盐雾中的抗腐蚀时间作为衡量镀锌板成形性的依据。

为便于描述，将用 ZAM 镀锌板制备的拉深杯称为 ZAM 杯，其他拉深杯的命名亦如此。

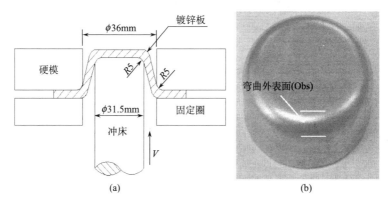

图 4.12　拉深试验示意图(a)和拉深杯的数码照片(b)

表 4.8　拉深试验相关参数

参数类型	试验参数	参数类型	试验参数
镀锌板厚度	1mm	压边力	5kN
镀锌板直径	7cm	凸模上升速度	0.2mm/s
凸模直径	31.5mm	凸模圆角半径	5mm
凹模直径	36mm	凹模圆角半径	5mm

不同 Si 和 RE 含量的 ZAM 镀锌板制备的拉深杯在中性盐雾中的抗腐蚀时间如表 4.9 所示，观察后可知 ZAM 杯在中性盐雾中的抗腐蚀时间为 1128h，而 Zn-6Al-3Mg-0.1Si 杯的抗腐蚀时间为 1680h，由此可以判断 Si 的加入提高了 ZAM

镀层的成形性。随着 RE 的加入，Zn-6Al-3Mg-0.1Si-RE 杯的抗腐蚀时间先增后减，其中 Zn-6Al-3Mg-0.1Si-0.1RE 杯的抗腐蚀时间最长（2136h）。值得注意的是，Zn-6Al-3Mg-0.1Si-0.25RE 杯的抗腐蚀时间仅为 1464h，还不及 Zn-6Al-3Mg-0.1Si 杯的抗腐蚀时间，这主要与以下三方面的因素有关：①镀层厚度的降低；②镀层耐蚀性的降低；③该镀层表面的稀土富集相为局部腐蚀提供了条件，加速了拉深杯表面镀层的失效速度。

表 4.9　不同的拉深杯在中性盐雾中的耐久性

拉深杯种类	耐久性/h	拉深杯种类	耐久性/h
ZAM	1128	Zn-6Al-3Mg-0.1Si-0.15RE	1896
Zn-6Al-3Mg-0.1Si	1680	Zn-6Al-3Mg-0.1Si-0.2RE	1752
Zn-6Al-3Mg-0.1Si-0.05RE	1824	Zn-6Al-3Mg-0.1Si-0.25RE	1464
Zn-6Al-3Mg-0.1Si-0.1RE	2136		

　　拉深杯在中性盐雾中的抗腐蚀时间除了与镀层的耐蚀性、厚度有关，还与腐蚀过程中在其表面生成的腐蚀产物的形貌有关，为此在不同的腐蚀阶段用数码相机拍摄了拉深杯宏观照片的俯视图（该方位为弯曲外表面的最佳观察位置）。图 4.13 为 ZAM、Zn-6Al-3Mg-0.1Si、Zn-6Al-3Mg-0.1Si-0.1RE 和 Zn-6Al-3Mg-0.1Si-0.25RE 拉深杯在不同腐蚀时期的宏观照片。图 4.13(a)、(d)、(g) 和 (j) 为上述四种拉深杯在腐蚀初期（第 200h）的俯视图，从图中可以看出，在腐蚀初期在拉深杯外表面生成了白色的腐蚀产物，而且白色的腐蚀产物比较疏松，但不同拉深杯表面的腐蚀产物并没有表现出明显的差异。图 4.13(b)、(e)、(h) 和 (k) 为上述四种拉深杯在腐蚀中期（第 720h）的俯视图，从图中可以看出 ZAM 杯表面仍为白色的腐蚀产物[图 4.13(b)]，Zn-6Al-3Mg-0.1Si 杯表面的腐蚀产物的致密性有所提高[图 4.13(e)]，Zn-6Al-3Mg-0.1Si-0.1RE 杯表面的腐蚀产物基本全部为黑色[图 4.13(h)]，而且黑色腐蚀产物的致密性和黏附性明显高于白色的腐蚀产物。但是，腐蚀中期 Zn-6Al-3Mg-0.1Si-0.25RE 杯表面生成了致密性差的白色腐蚀产物[图 4.13(k)]。分别在第 1128h、1680h、2136h 和 1464h 约 25% 的 ZAM、Zn-6Al-3Mg-0.1Si、Zn-6Al-3Mg-0.1Si-0.1RE 和 Zn- 6Al-3Mg-0.1Si-0.25RE 拉深杯的弯曲外表面生成了红锈，认定此时镀层失效，如图 4.13(c)、(f)、(i) 和 (l) 所示。

　　致密的腐蚀产物可以抑制腐蚀介质在其中的扩散，减少腐蚀介质对镀层的侵蚀，为镀层提供长效的隔离防护，可以降低镀层的腐蚀速度，因此 Si 和 RE 的加入提高了 ZAM 镀锌板的成形性。

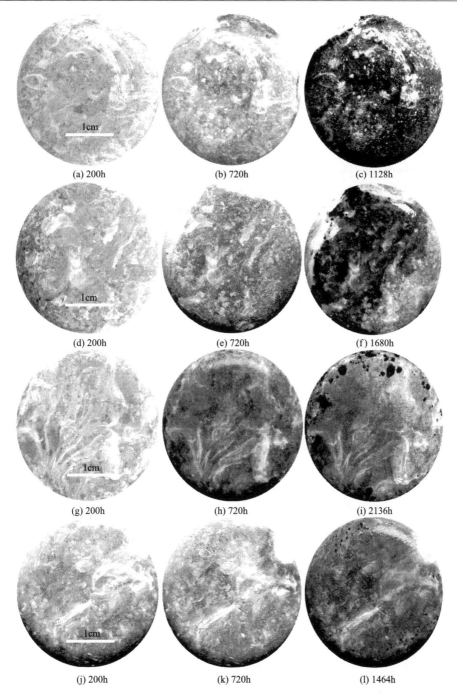

图 4.13 不同拉深杯在不同腐蚀时期的宏观照片(俯视图，中性盐雾试验)

(a)~(c): ZAM; (d)~(f): Zn-6Al-3Mg-0.1Si; (g)~(i): Zn-6Al-3Mg-0.1Si-0.1RE; (j)~(l): Zn-6Al-3Mg-0.1Si-0.25RE

4.8　Si 和 RE 提高 ZAM 镀层耐蚀性的机理分析

众所周知,材料的组织决定其性能,通常情况下组织均匀的材料能表现出良好的机械性能和耐蚀性。在锌镀层的腐蚀过程中,镀层中的合金元素有的转化为可溶性的离子,同时部分离子转化为氧化物(如 ZnO)、碱类[$Zn(OH)_2$]或者化学更加复杂的复盐[$Zn_5(OH)_6(CO_3)_2$ 和 $Zn_5(OH)_8Cl_2 \cdot H_2O$ 等][44]。离子态的腐蚀产物具有导电性,其大量生成将加速镀层发生电化学腐蚀。固态的腐蚀产物具有不同的形貌,毫无疑问,致密性好、黏附性好、导电性差的腐蚀产物可以有效地阻隔腐蚀介质(水、空气等)的扩散,同时能抑制离子(Zn^{2+}、Cl^-、OH^-、H^+等)在其中的扩散和传质,这将有效地切断镀层腐蚀过程中离子的转移,从而降低镀层的腐蚀速度。

Schürz 等[45]通过盐雾试验研究了 Zn-Al-Mg 系的腐蚀产物,经检测该镀层的腐蚀产物组成较复杂,主要包括 $Zn_6Al_2(CO_3)(OH)_{16} \cdot 4H_2O$、$Zn_5(OH)_6(CO_3)_2$、$ZnCO_3$、$Zn(OH)_2$ 和 $Zn_5(OH)_8Cl_2 \cdot H_2O$,而且他们还分析了镀层的耐蚀性与腐蚀产物之间的关系。Tanaka 等[46]研究了 Zn-11Al-3Mg-0.2Si 镀层的腐蚀产物,发现该镀层的腐蚀产物主要包括致密的碱式氯化锌[$Zn_5(OH)_8Cl_2 \cdot H_2O$],该腐蚀产物能抑制阴极反应,镁的腐蚀产物包含于这种腐蚀产物层中,能提高镀层 $Zn_5(OH)_8Cl_2 \cdot H_2O$ 的稳定性。Nishimura 等[47]通过周期性腐蚀试验研究了 Zn-0.2Al-0.5Mg 镀层的腐蚀产物,他们发现该镀层的腐蚀产物很致密,能抑制氧在其中的扩散,这是该镀层具有高耐蚀性的原因。

在一定的腐蚀条件下,镀层不同的腐蚀产物之间是可以相互转化的。通常,$Zn_6Al_2(CO_3)(OH)_{16} \cdot 4H_2O$ 和 $Zn_5(OH)_8Cl_2 \cdot H_2O$ 对镀层的保护性很好,而 $ZnCO_3$、$Zn_5(OH)_6(CO_3)_2$、$Zn(OH)_2$ 和 ZnO 的保护性较差。综上所述,镀层的耐蚀性与其腐蚀产物的物理化学特性(致密性、导电性、黏附性、稳定性)有密切的关系。

采用 XRD 和 SEM 检测镀层腐蚀产物的物相和微观形貌,并结合检测结果分析腐蚀产物的物相组成、微观形貌与镀层耐蚀性之间的关系。用 SEM 分析了镀层的耐蚀性与其腐蚀类型的关系。基于上述分析,研究 Si 和 RE 对 ZAM 镀层腐蚀机理的影响。

4.8.1　腐蚀产物物相与耐蚀性的关系

采用 XRD 衍射仪检测中性盐雾试验(样品的腐蚀周期为96h)中镀层表面生成腐蚀产物的物相。选取 ZAM 镀层、含 Si 的 Zn-6Al-3Mg-0.1Si 镀层和耐蚀性最高的 Zn-6Al-3Mg-0.1Si-0.1RE 镀层的腐蚀产物作为研究对象进行 XRD 检测,研究

Si 和 RE 能否对镀层腐蚀产物的物相组成产生影响,所得的 XRD 图如图 4.14 所示。

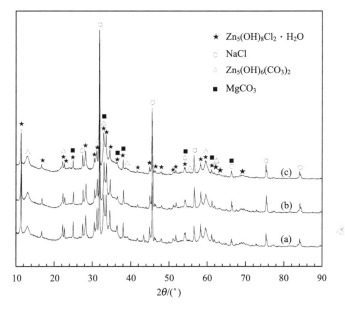

图 4.14　不同镀层腐蚀产物的 XRD 图

(a) ZAM;　(b) Zn-6Al-3Mg-0.1Si;　(c) Zn-6Al-3Mg-0.1Si-0.1RE

观察图 4.14 可得,ZAM、Zn-6Al-3Mg-0.1Si、Zn-6Al-3Mg-0.1Si-0.1RE 镀层在中性盐雾试验中的腐蚀产物的相组成相同,均包含 $MgCO_3$、$Zn_5(OH)_6(CO_3)_2$ 和 $Zn_5(OH)_8Cl_2 \cdot H_2O$,即加入 Si 和 RE 后镀层耐蚀性的改变不是腐蚀产物种类的改变引起的。检测到的 NaCl 是盐雾中的 NaCl 在中性盐雾试验过程中沉积在镀层表面的。经腐蚀产物 XRD 分析,镀层腐蚀产物的物相组成没有差异性,镀层的耐蚀性差异需要进一步分析。

4.8.2　腐蚀产物致密性与耐蚀性的关系

通过 SEM 检测 96h 中性盐雾试验腐蚀后的镀层的表面形貌(即腐蚀产物的形貌),通过对比 ZAM、Zn-6Al-3Mg-0.1Si,Zn-6Al-3Mg-0.1Si-0.10RE 和 Zn-6Al-3Mg-0.1Si-0.25RE 镀层腐蚀产物的 SEM 图分析 Si 和 RE 对 ZAM 镀层腐蚀产物的影响,以及镀层耐蚀性与腐蚀产物微观形貌之间的关系,并通过 EDS 检测分析腐蚀产物的形成和转化过程。

图 4.15 为不同 Si 和 RE 含量的 ZAM 镀层的腐蚀产物的 SEM 图以及不同区域的 EDS 图。观察图 4.15 (a) 可得,ZAM 镀层的腐蚀产物为双层结构,内层为致密的、无定形的黑色腐蚀产物,外层为白色六边形的片状腐蚀产物,很显然白色

的腐蚀产物较黑色的腐蚀产物致密性差、易脱落。图 4.15(b) 为图 4.15(a) 的局部放大图，观察后可知白色的腐蚀产物由黑色的腐蚀产物转化而来，如图 4.15(b) 中 A 所示。采用 EDS 检测了这两种腐蚀产物的元素组成，如图 4.15(f) 和 (g) 所示，这两种腐蚀产物均由 Zn、Al、Mg、Cl 和 O 构成，不同的是黑色腐蚀产物中的 Cl 含量较高 [图 4.15(g)]，而白色的腐蚀产物中 Cl 的含量极低 [图 4.15(f)]。由 XRD 检测结果可知，ZAM 镀层主要的腐蚀产物有 $Zn_5(OH)_6(CO_3)_2$ 和 $Zn_5(OH)_8Cl_2 \cdot H_2O$。此外，$Zn_5(OH)_8Cl_2 \cdot H_2O$ 有致密的结构，而 $Zn_5(OH)_6(CO_3)_2$ 有多孔的结构，且其黏附性差。因此，结合 EDS 检测结果和文献资料可以得出如下结论：白色的腐蚀产物为碱式碳酸锌 $[Zn_5(OH)_6(CO_3)_2]$，黑色的腐蚀产物为碱式氯化锌 $[Zn_5(OH)_8Cl_2 \cdot H_2O]$。由于 $Zn_5(OH)_6(CO_3)_2$ 的多孔结构和差的黏附性，其对镀层的保护性远不及 $Zn_5(OH)_8Cl_2 \cdot H_2O$。从腐蚀产物间转化的角度考虑，$Zn_5(OH)_6(CO_3)_2$ 的生成量越多，$Zn_5(OH)_8Cl_2 \cdot H_2O$ 的厚度将变得越薄，镀层腐蚀产物对镀层的保护性也将变差，因此，镀层腐蚀产物的保护性和稳定性可以从 $Zn_5(OH)_6(CO_3)_2$ 的生成量判断。

图 4.15(c) 为 Zn-6Al-3Mg-0.1Si 镀层腐蚀产物的微观形貌 SEM 图，观察后可知，Si 的加入使得碱式碳酸锌晶体的数量增多了，尺寸变小了，因此可以得出如下结论：Si 的加入抑制了白色的 $Zn_5(OH)_6(CO_3)_2$ 的生长，改善了 $Zn_5(OH)_8Cl_2 \cdot H_2O$ 的稳定性。Zn-6Al-3Mg-0.1Si-0.1RE 镀层腐蚀产物的微观形貌如图 4.15(d) 所示，可以发现 RE 的加入基本抑制了 $Zn_5(OH)_8Cl_2 \cdot H_2O$ 向 $Zn_5(OH)_6(CO_3)_2$ 转化，腐蚀产物内层的 $Zn_5(OH)_8Cl_2 \cdot H_2O$ 表现出良好的致密性和平整性。图 4.15(e) 为 Zn-6Al-3Mg-0.1Si-0.25RE 镀层腐蚀产物的微观形貌的 SEM 图，观察后可以发现，过量的 RE(0.25wt%) 削弱了其对 $Zn_5(OH)_8Cl_2 \cdot H_2O$ 向 $Zn_5(OH)_6(CO_3)_2$ 转化的抑制作用，与图 4.15(d) 相比，$Zn_5(OH)_6(CO_3)_2$ 的生成量有所增加。

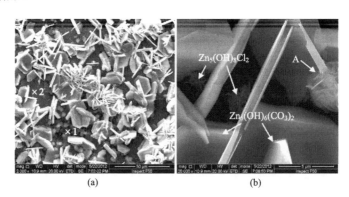

(a)　　　　　　　　　　　(b)

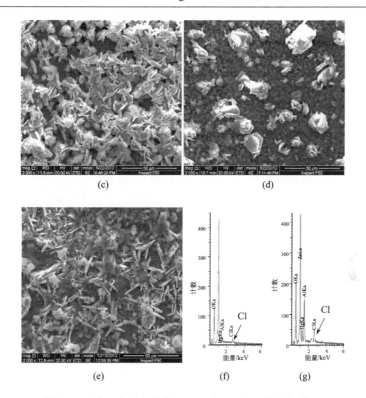

图 4.15　镀层腐蚀产物的 SEM 图及对应区域的能谱图

(a) ZAM；(b) 图 (a) 局部放大图；(c) Zn-6Al-3Mg-0.1Si；(d) Zn-6Al-3Mg-0.1Si-0.1RE；(e) Zn-6Al-3Mg-0.1Si-0.25RE；

(f) 图 (a) 点 1 能谱；(g) 图 (a) 点 2 能谱

下面分析 Si 和 RE 抑制腐蚀产物间转化的机理，并分析腐蚀产物的生成和转化过程。对于 Zn-Al 合金镀层，在腐蚀的初期，$Zn_5(OH)_8Cl_2 \cdot H_2O$ 优先产生。随着腐蚀的进行，空气中的 CO_2 逐步溶解在镀层表面的腐蚀介质中，这将造成腐蚀介质中碳酸氢根浓度的增加，破坏 $Zn_5(OH)_8Cl_2 \cdot H_2O$ 的稳定性，转化为非保护性腐蚀产物 $Zn_5(OH)_6(CO_3)_2$，过程如方程式 (4.1)～(4.3) 所示：

$$CO_2 + 2OH^- \rightleftharpoons CO_3^{2-} + H_2O \tag{4.1}$$

$$CO_2 + CO_3^{2-} + H_2O \rightleftharpoons 2HCO_3^- \tag{4.2}$$

$$Zn_5(OH)_8Cl_2 + 2HCO_3^- \rightleftharpoons Zn_5(OH)_6(CO_3)_2 + 2H_2O + 2Cl^- \tag{4.3}$$

在含镁锌合金镀层中，Mg、O_2 和腐蚀介质间会发生一系列化学反应[19]，如方程式 (4.4)～(4.6) 所示：

$$Mg + \frac{1}{2}O_2 \longrightarrow MgO\ (s) \tag{4.4}$$

$$MgO\ (s) + H_2O \longrightarrow Mg(OH)_2\ (s) \tag{4.5}$$

$$Mg(OH)_2(s) + CO_2 \longrightarrow MgCO_3(s) + H_2O \qquad (4.6)$$

Mg^{2+} 优先与碳酸根离子结合，可以起到降低镀层表面腐蚀介质碳酸根离子浓度的作用，因此抑制了化学反应方程式（4.3）的进行，降低了无保护性的腐蚀产物的生成量，提高了 $Zn_5(OH)_8Cl_2 \cdot H_2O$ 的稳定性。但是，随着腐蚀的进一步进行，腐蚀产物外层的 Mg 将溶解和流失，Mg 的抑制作用将削弱，因此 $Zn_5(OH)_6(CO_3)_2$ 的生成将变得不可避免，这正是 ZAM 镀层表面生成大量白色 $Zn_5(OH)_6(CO_3)_2$ 的原因。

对于 Zn-6Al-3Mg-0.1Si 镀层而言，Si 抑制了 Al-Fe 反应，Al 在镀层表面生成了大量的 Al 枝晶。有研究表明镀层表面的 Al 能形成一层致密的、连续的、黏附性好的、不溶解的、有钝化能力的 $Al_2O_3 \cdot 3H_2O$ 层，该 $Al_2O_3 \cdot 3H_2O$ 层具有良好的隔离效果。Tsujimura 等研究了 Al 和 Mg 的协同作用，结果显示 Mg 和 Al 能降低腐蚀产物的溶解性，并能提高腐蚀产物的致密性和稳定性，以及提高腐蚀产物对镀层的隔离防护效果。

对于 Zn-6Al-3Mg-0.1Si-0.1RE 镀层而言，Si 和 RE 的加入使不均匀的 ZAM 镀层变为均匀的 $Zn/Al/MgZn_2$ 共晶组织。此外，RE 是表面活性元素，有在镀层表面分布的趋向，并能在镀层表面形成一层致密均匀的氧化物层，该氧化物层作为扩散抑制层可以抑制腐蚀介质和杂质离子向镀层内部扩散，因此可以提高镀层的耐蚀性。RE 的加入提高了 $Zn_5(OH)_8Cl_2 \cdot H_2O$ 的稳定性，因此提高了内层腐蚀产物的均匀性和致密性。致密的腐蚀产物层有良好的隔离作用，它可以阻止腐蚀介质和镀层间的分子和离子扩散，因此可以提高镀层的耐蚀性，这正是 Zn-6Al-3Mg-0.1Si-0.1RE 镀层具有最高耐蚀性的原因。

4.8.3　镀层腐蚀类型与耐蚀性的关系

镀锌板的使用寿命与其耐蚀性、镀层的厚度和镀层的腐蚀类型有关。在腐蚀量相同的条件下，与孔蚀、晶间腐蚀相比，均匀腐蚀对镀层的破坏是最小的。因此，研究镀层的腐蚀类型将有助于选取合适的防腐方法（合金化、增加镀层厚度等）。

将 96h 中性盐雾试验腐蚀后的镀锌板表面的腐蚀产物用 10wt% 的过硫酸铵溶液洗去，并通过 SEM 检测了镀层在中性盐雾试验腐蚀过程中的腐蚀类型，不同镀层（腐蚀后）的 SEM 图如图 4.16 所示。图 4.16(a) 为腐蚀后的 ZAM 的表面形貌（已去除腐蚀产物），观察后可以发现沿晶约 10μm 宽的范围内发生了严重的剥落腐蚀、沿晶腐蚀和孔蚀 [图 4.16(a) 的局部放大图]，而且腐蚀沿晶界向镀层内部发展，晶界基本被破坏，该区域占整个面积的 30%～40%。腐蚀后的镀层显示出明显的层片状结构，并可以清楚地发现 $MgZn_2$ 优先被腐蚀了。

图 4.16(b) 为腐蚀后的 Zn-6Al-3Mg-0.1Si 镀层表面（清除腐蚀产物后），观察后可以清楚地发现镀层表面 Al 枝晶残留下来，而 Al 枝晶周围的组织被腐蚀掉，

留下大量的腐蚀坑，如图中箭头所示。这些腐蚀坑是由于 Al、Zn 和 MgZn$_2$ 存在腐蚀电位差，而且由于 Al 有钝化作用，因此在腐蚀的过程中，Zn 和 MgZn$_2$ 被优先腐蚀而 Al 被保护下来，据此可以认定镀层发生了电偶腐蚀（局部腐蚀）。

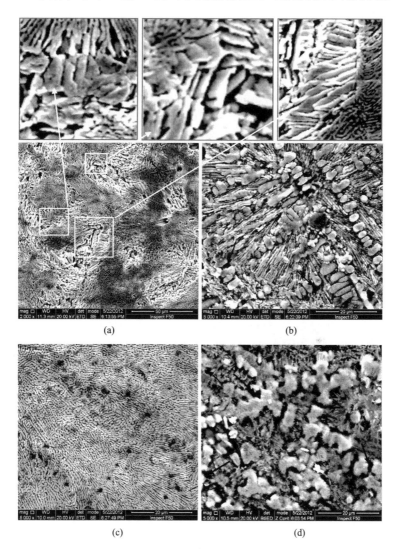

图 4.16　用 10wt%过硫酸铵溶液清除腐蚀产物后 ZAM(a)、Zn-6Al-3Mg-0.1Si(b)、Zn-6Al-3Mg-0.1Si-0.05RE(c)及 Zn-6Al-3Mg-0.1Si-0.25RE(d)镀层表面的 SEM 图

第一行的三个图为图(a)局部放大图

相比而言，Zn-6Al-3Mg-0.1Si-0.1RE 镀层被腐蚀程度轻得多，腐蚀后的镀层表面仍然很平整，如图 4.16(c)所示。Si 和 RE 的共同作用使得 ZAM 镀层表面显

示出良好的组织均匀性，Zn-6Al-3Mg-0.1Si-0.1RE 镀层由 Zn/Al/MgZn$_2$ 共晶组织构成。文献资料表明：Zn-Al 合金镀层有高的耐蚀性是因为镀层中锌的保护性和铝的钝化作用，其耐蚀性的高低主要取决于 Al 含量，通常情况下 Al 含量越高，Zn-Al 合金镀层的耐蚀性越优良。由于该镀层良好的组织均匀性，特别是 Al 均匀地分布在镀层中，这将有利于其产生钝化作用，这是镀层腐蚀程度最轻的原因，因此，Zn-6Al-3Mg-0.1Si-0.1RE 镀层在中性盐雾试验中的腐蚀类型为均匀腐蚀，这是该镀层耐蚀性最高的原因之一。

图 4.16(d) 为腐蚀后 Zn-6Al-3Mg-0.1Si-0.25RE 镀层的表面形貌，观察后可以发现镀层在腐蚀过程中发生了孔蚀，如图中箭头所示。RE 加入过量后，在镀层表面生成了稀土富集相。在腐蚀过程中稀土富集相的耐蚀性较差，被优先腐蚀，因此发生孔蚀。此外，稀土富集相的产生，降低了 RE 细化铝枝晶的能力，在铝枝晶的周围也存在较大的腐蚀坑，说明镀层在腐蚀过程中发生了电偶腐蚀，这是该镀层耐蚀性下降的原因之一。

文献资料表明：锌液中的杂质元素 O 和 S 等易于在镀层的晶界富集，而它们的电负性较高，在腐蚀过程中这些硫化物和氧化物充当加速腐蚀器，因此，通常情况下 Zn-Al 镀层的腐蚀为晶间腐蚀。RE 元素易与 O 和 S 反应，生成相应的硫化物和氧化物，在镀层凝固过程中，这些硫化物和氧化物将在晶界富集，并使晶界的电位正移，起到细化晶粒和强化晶界的作用，因此能提高镀层的耐蚀性，但是过量的 RE 不利于镀层耐蚀性的提高。

第5章 Mg 和 RE 对 Zn-23Al-0.3Si 镀层组织和性能的影响

5.1 引　言

　　Zn-23Al-0.3Si 镀层是由加拿大 Comico 公司等开发的一种新型合金镀层，它具有耐蚀性高、硬度高、韧性好等特点。其耐蚀性优于 Galfan 镀层，是热浸镀锌的 5～6 倍。此镀层组织主要由外层的细微的共析组织和粗大的共晶组织及内层较薄的 Fe-Al-Zn-Si 四元合金层组成。随着科技的发展，人们对镀层的性能要求提出了更高的新要求，如更高的耐蚀性、更好的成形性及环保性能。因此有必要对现有的镀层进一步改进，以期获得更加优良的新型合金镀层造福社会。

　　在热浸镀锌行业，研究人员更多的关注点是通过各种检测手段研究镀层的腐蚀速度及腐蚀机理，而对如何进一步改善镀层的耐蚀性则研究得较少。大量的文献表明，镀层中加入 Mg 可以改善镀层表观质量，提高镀层的耐腐蚀性，市场中应用的含 Mg 镀层主要有 Zn-0.5Mg、Zn-6Al-3Mg、Zn-11Al-3Mg-0.2Si 镀层。镀层中加入 RE 可以细化镀层组织，改善其耐蚀性，提高其表观质量，还能降低镀层厚度，提高其加工性。

　　本章研究先后添加 Mg 和 RE 元素后对 Zn-23Al-0.3Si 镀层的表观质量、厚度、镀层的耐蚀性和力学性能及加入合金元素后对镀层表面、截面微观结构及对镀层腐蚀产物和腐蚀类型的影响。

5.2 Mg 对 Zn-23Al-0.3Si 镀层外观及性能的影响

　　本节通过向原镀层合金中添加不同含量的 Mg 元素，利用电解助镀法制得不同成分的合金镀层，选取添加 Mg 前后其中两种镀层的宏观照片及截面如图 5.1 所示。

　　试验过程中通过实验室光学显微镜的测距功能对镀层的厚度进行测量，每种镀层选取30个不同的视场(每侧镀层各15个)进行观察,记录数据并求出平均值。镀层截面的金相图如图 5.2 所示。

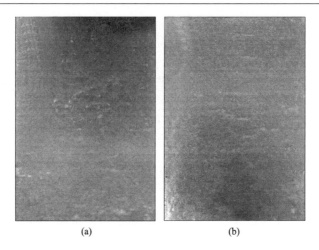

图 5.1　镀层表面宏观照片

(a) Zn-23Al-0.3Si 镀层；(b) Zn-23Al-0.3Si-2.0Mg 镀层

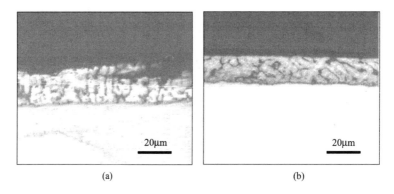

图 5.2　不同 Mg 添加量的 Zn-23Al-0.3Si 镀层金相图

(a) Zn-23Al-0.3Si；(b) Zn-23Al-0.3Si-2.0Mg

由图可知，热浸镀后的钢板镀层结合良好，各个镀层没有漏镀现象出现。本研究中的 Zn-23Al-0.3Si 镀层的平均厚度为 27.6μm， Mg 的加入可以降低镀层的厚度，这在热浸镀过程中将具有降低锌耗及生产成本等优势。

5.3　Mg 对 Zn-23Al-0.3Si 镀层性能的影响

通过中性盐雾试验、电化学测试及力学拉深试验综合评价添加 Mg 元素对 Zn-23Al-0.3Si 镀层的耐蚀性和力学性能的影响。

5.3.1　中性盐雾试验

首先对制备好的不同 Mg 含量的镀层进行中性盐雾试验，根据镀层腐蚀前后的质量变化，采用失重法研究镀层的耐蚀性。经过 72h 连续喷雾试验后，不同 Mg 含量的 Zn-23Al-0.3Si 镀层表面宏观变化如图 5.3 所示。镀层前后质量的变化及腐蚀速度的大小如表 5.1 所示。试验过程中选取三组平行试样，表中的试样表面积及腐蚀量均为三组平行样的平均值。

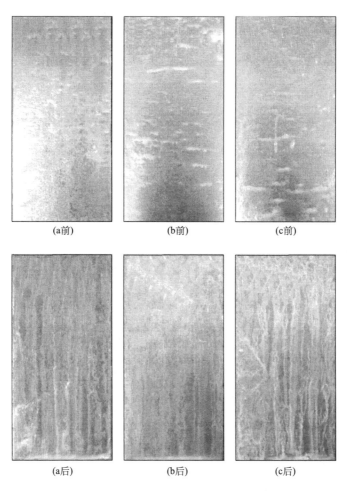

图 5.3　经过 72h 中性盐雾试验后的 Zn-23Al-0.3Si-Mg 镀层照片

(a) Zn-23Al-0.3Si；(b) Zn-23Al-0.3Si-2.0Mg；(c) Zn-23Al-0.3Si-3.5Mg

为了更加直观地观察镀层耐蚀性的变化情况，依据表 5.1 的数据绘制了相应的折线统计图，如图 5.4 所示。

表 5.1　不同 Mg 添加量的 Zn-23Al-0.3Si 镀层腐蚀速度

试验编号	镀层种类	表面积/mm²	腐蚀量/g	腐蚀速度[g/(m²·h)]
1	Zn-23Al-0.3Si	8680	0.042	0.0672
2	Zn-23Al-0.3Si-0.5Mg	8951	0.031	0.0474
3	Zn-23Al-0.3Si-1.0Mg	8970	0.027	0.0418
4	Zn-23Al-0.3Si-1.5Mg	9088	0.022	0.0341
5	Zn-23Al-0.3Si-2.0Mg	9080	0.016	0.0245
6	Zn-23Al-0.3Si-2.5Mg	8875	0.020	0.0318
7	Zn-23Al-0.3Si-3.0Mg	8946	0.034	0.0532
8	Zn-23Al-0.3Si-3.5Mg	8733	0.033	0.0512

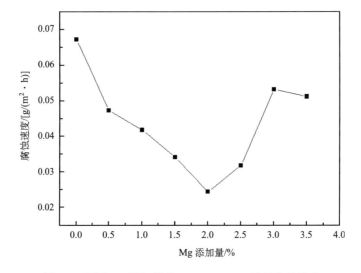

图 5.4　不同 Mg 添加量的 Zn-23Al-0.3Si 镀层腐蚀速度

　　由试验数据和腐蚀速度变化图可知，Zn-23Al-0.3Si-2.0Mg 镀层的腐蚀速度达到最小值[0.0245g/(m²·h)]，此时可以认为镀层的耐蚀性最强。因此，在热浸镀过程中，向镀层中加入适量的合金元素 Mg，有助于镀层耐蚀性的提高。

5.3.2　电化学测试

　　动电位扫描法是一种稳态情况下测量强极化区曲线的方法，它以极化电流作主变量，通过改变外加电流值来测定相应的电极电位。通过对镀锌层的极化曲线的测量，研究其在所测量的电位区间的动力学特征，比较其极化曲线的异同。

　　根据电化学的有关理论知识，本试验利用动电位极化测试研究 Mg 对

Zn-23Al-0.3Si 镀层电化学性能的影响。试验采用三电极体系进行检测，饱和甘汞电极作参比电极，铂电极作对电极，镀锌钢板作工作电极，试验在室温下进行。试样在进行测试后，在阴极与阳极塔菲尔电位区用外推法确定镀锌板的腐蚀电流和腐蚀电位。表 5.2 为不同 Mg 含量的 Zn-23Al-0.3Si 镀层由极化曲线推算的相关数据。

表 5.2　极化曲线处理的数据

编号	镀层类别	β_a/(mV/dec)	β_c/(mV/dec)	I_{corr}/(mA/cm^2)	E_{corr}/V vs.SCE
1	Zn-23Al-0.3Si	25.35	−17.19	55.7186	−1.001
2	Zn-23Al-0.3Si -0.5Mg	25.65	−15.36	55.3350	−1.003
3	Zn-23Al-0.3Si -1.0Mg	20.84	−11.99	48.4172	−0.9892
4	Zn-23Al-0.3Si -1.5Mg	31.75	−11.13	34.5144	−1.008
5	Zn-23Al-0.3Si -2.0Mg	21.78	−17.40	20.8930	−0.9935
6	Zn-23Al-0.3Si -2.5Mg	25.02	−18.92	25.9418	−0.9922
7	Zn-23Al-0.3Si -3.0Mg	30.33	−12.60	28.1190	−1.170
8	Zn-23Al-0.3Si -3.5Mg	18.89	−31.68	31.1889	−0.9766

由表可知，Mg 的加入可以提高 Zn-23Al-0.3Si 镀层的耐蚀性，原始镀层 Zn-23Al-0.3Si 的腐蚀电流为 55.7186mA/cm^2。随着 Mg 的加入，镀层的腐蚀电流先减小后增大，当 Mg 的加入量为 2.0wt%时镀层的腐蚀电流最小（20.8930mA/cm^2），此时说明该镀层的耐蚀性最好，这与中性盐雾试验结果基本一致。

5.5.3　镀层成形性检测

本试验用 Mg 含量不同的 Zn-23Al-0.3Si 镀层进行了拉深试验制成拉深杯，然后用线切割的方法，在镀层的弯曲外表面(Obs1 处)取出，抛光后用金相显微镜初步观察镀层弯曲处的形貌，研究是否产生裂纹，以此来判定其成形性。

试验选取 Zn-23Al-0.3Si 镀层及 Zn-23Al-0.3Si-2.0Mg 镀层的拉深杯弯曲外表面形貌，如图 5.5 所示，图中右下角为各自的局部放大图。

由图可知，Zn-23Al-0.3Si 镀层在拉深试验过程中产生了裂纹，当机械加工后镀层处于腐蚀环境时，腐蚀介质能通过裂纹直达钢板基体，对钢板进行腐蚀。Zn-23Al-0.3Si-2.0Mg 镀层极少部分裂纹依然存在，但是裂纹宽度明显变窄，镀层成形性得到很大的改善。

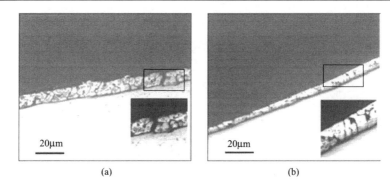

图 5.5　不同拉深杯弯曲外表面(Obs1)的截面形貌

(a)Zn-23Al-0.3Si 杯；(b)Zn-23Al-0.3Si-2.0Mg 杯

5.4　Mg 对 Zn-23Al-0.3Si 镀层微观结构的影响

5.4.1　镀层表面微观形貌分析

图 5.6 为 Mg 添加前后 Zn-23Al-0.3Si 镀层表面微观形貌变化的 SEM 图(背散射图)。

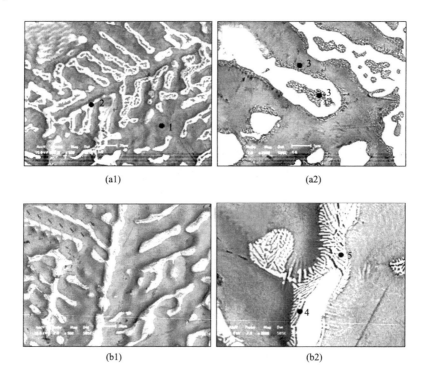

(a1)　　　　　　　　　　　　　(a2)

(b1)　　　　　　　　　　　　　(b2)

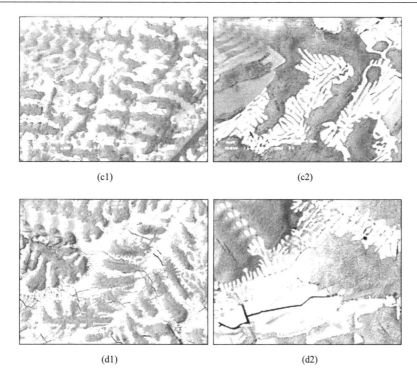

图 5.6　不同 Mg 含量镀层的 SEM 图(背散射图)

(a1)Zn-23Al-0.3Si；(a2)图(a1)局部放大图；(b1)Zn-23Al-0.3Si-0.5Mg；(b2)图(b1)局部放大图；

(c1)Zn-23Al-0.3Si-2.0Mg；(c2)图(c1)局部放大图；(d1)Zn-23Al-0.3Si-3.5Mg；(d2)图(d1)局部放大图

由图 5.6 可知，Zn-23Al-0.3Si 镀层表面主要为枝晶结构，镀层表面主要由富铝相和纯锌相构成以及存在于纯锌相周围和内部的锌铝二元共晶组织构成。当向合金中加入少量的 Mg 后，镀层表面的富铝相仍保持其枝晶结构，但不同的是在白色的纯锌枝晶间区内，出现了条纹状的锌铝镁共晶组织。随着 Mg 含量的进一步增加，镀层组织内开始出现气孔和裂缝等缺陷，有文献指出，镀层合金中添加的 Mg 含量过高时，镀层表面会变得粗糙，甚至会发生崩皮、脱落等现象。

5.4.2　镀层表面物相分析

通过对镀层表面的形貌观察、EDS 成分分析和面扫描检测，我们基本弄清了 Mg 对 Zn-23Al-0.3Si 镀层表面结构的影响，通过 XRD 检测技术对镀层表面进行物相分析，检测结果如图 5.7 所示。

由镀层的物相 XRD 图可以看出，Zn 和 Al 相在四种镀层中均有存在，且衍射峰较强。当向镀层中加入少量的 Mg 后，镀层的物相成分变化不大，随着 Mg 含量的不断增加，镀层中开始有 $MgZn_2$ 相出现，并且随着 Mg 的加入量增加，$MgZn_2$

相的峰强逐渐增加。这说明在加入 Mg 后的 Zn-23Al-0.3Si 镀层枝晶间区内的锌镁共晶组织主要为 $MgZn_2$ 相。四种镀层的物相图中均有 Fe 的衍射峰出现，这主要是由于钢板表面的 Fe 在热浸镀过程中向锌液中扩散。

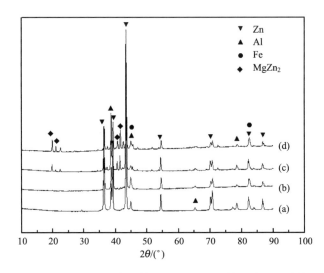

图 5.7　不同 Mg 含量的 Zn-23Al-0.3Si 镀层的 XRD 图

(a) Zn-23Al-0.3Si；(b) Zn-23Al-0.3Si-0.5Mg；(c) Zn-23Al-0.3Si-2.0Mg；(d) Zn-23Al-0.3Si-3.5Mg

5.5　Zn-23Al-0.3Si-Mg 系列镀层耐腐蚀机理分析

本节采用 SEM 检测分析镀层腐蚀产物的形貌及腐蚀类型，通过 XRD 检测腐蚀产物的物相，并进一步分析 Mg 对 Zn-23Al-0.3Si 镀层耐蚀性影响的原因。

5.5.1　镀层腐蚀产物物相分析

将进行 96h 中性盐雾试验后的镀层钢板用蒸馏水冲洗干净后烘干，直接在镀层表面通过 XRD 检测其腐蚀产物的物相组成，希望通过了解腐蚀产物的物相组成进而对镀层的腐蚀过程作进一步的分析。检测结果的 XRD 图如图 5.8 所示。

有文献指出，加入 Mg 后的镀层表面经过盐雾腐蚀后主要形成具有优良耐腐蚀性的腐蚀产物 $Zn_5(OH)_8Cl_2 \cdot H_2O$，Mg 促进了腐蚀产物 $Zn(OH)_2$ 向 $Zn_5(OH)_8Cl_2 \cdot H_2O$ 的转变，有利于镀层耐腐蚀性的提高。

由图可以看出，镀层的主要腐蚀产物为 $Zn_5(OH)_8Cl_2 \cdot H_2O$。在 Zn-Al 合金镀层腐蚀过程中，优先形成 $Zn_5(OH)_8Cl_2 \cdot H_2O$，它具有致密和紧凑的结构且黏附性好，可以有效地抑制腐蚀介质（包括分子和离子）在其中的迁移，提高镀层的耐腐

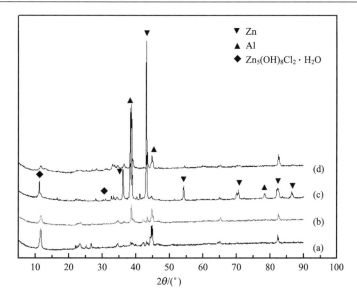

图 5.8　不同 Mg 含量的 Zn-23Al-0.3Si 镀层腐蚀产物的 XRD 图

(a) Zn-23Al-0.3Si；(b) Zn-23Al-0.3Si-0.5Mg；(c) Zn-23Al-0.3Si-2.0Mg；(d) Zn-23Al-0.3Si-3.5Mg

蚀性，起到保护镀层的作用。当 Mg 的加入量为 2.0wt%时，XRD 图中可以明显地看到 Zn、Al 的衍射峰且强度较大，表明此镀层在同样时间内未被完全腐蚀，这是由于 Mg^{2+} 优先与腐蚀介质碳酸根离子结合，降低其在镀层表面的浓度，抑制 $Zn_5(OH)_6(CO_3)_2$ 生成，因此可以提高 $Zn_5(OH)_8Cl_2 \cdot H_2O$ 的稳定性，更好地保护镀层。

5.5.2　镀层腐蚀产物形貌分析

图 5.9 为不同 Mg 含量的 Zn-23Al-0.3Si 镀层在 96h 中性盐雾试验后的表面腐蚀产物的微观形貌。

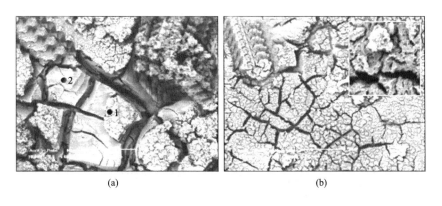

(a)　　　　　　　　　　(b)

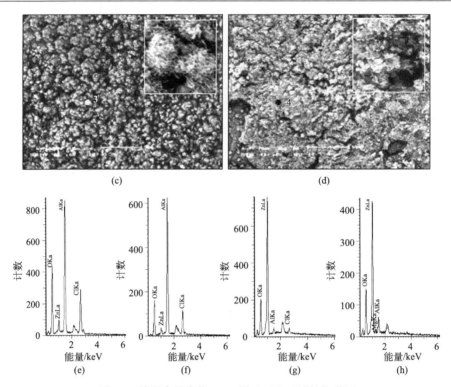

图 5.9　镀层腐蚀产物 SEM 图及对应区域的能谱图

(a) Zn-23Al-0.3Si；(b) Zn-23Al-0.3Si-0.5Mg；(c) Zn-23Al-0.3Si-2.0Mg；(d) Zn-23Al-0.3Si-3.5Mg；(e) 图 (a) 点 1
能谱；(f) 图 (a) 点 2 能谱；(g) 图 (c) 点 3 能谱；(h) 图 (d) 点 4 能谱

　　由图可以看出，Zn-23Al-0.3Si 镀层腐蚀后的镀层产物分为两层，外层为较为疏松的腐蚀产物，内层为带有裂纹的腐蚀层。随着 Mg 含量的不断增加，这种缺陷得到了很大的改善，表面由一些密集的团状的腐蚀产物覆盖，产物内裂纹完全消失。由图还可以看出，镀层腐蚀产物的密集性并没有随着 Mg 的加入量增加而增加，腐蚀产物呈现片状形貌，并且具有分布不均和局部堆积过多的缺陷。

5.5.3　镀层腐蚀类型分析

　　镀层的使用寿命与其厚度、耐蚀性及腐蚀类型有很大的关系。在相同的腐蚀条件下，当镀层出现均匀腐蚀时，其腐蚀速度较孔蚀和晶间腐蚀要小得多。这说明镀层的腐蚀速度与其腐蚀类型有很大的关联，因此有必要对镀层的腐蚀类型进行研究，以便于在应用中选取有效的防腐方法。

　　本试验是在 96h 的中性盐雾试验后，用 10wt% 过硫酸铵溶液对镀层表面的腐蚀产物进行清洗，烘干后采用 SEM 检测方法对镀层腐蚀后的形貌进行观察，具体形貌如图 5.10 所示。

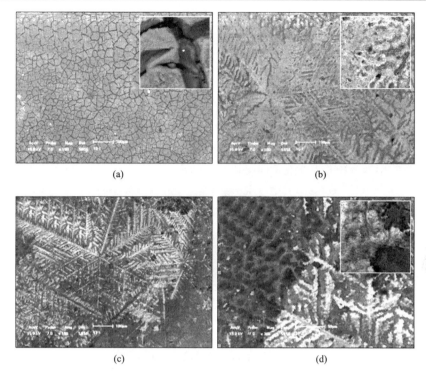

图 5.10　清除腐蚀产物后的镀层表面 SEM 图

(a) Zn-23Al-0.3Si；(b) Zn-23Al-0.3Si-0.5Mg；(c) Zn-23Al-0.3Si-2.0Mg；(d) 图 (c) 局部放大图

由 Zn-23Al-0.3Si 镀层表面清除腐蚀产物后的形貌图可以看出，镀层的腐蚀层较厚，由于裂纹的存在，镀层的腐蚀较为严重，腐蚀扩展到镀层的内部，这种情况对镀层极为不利。由 Zn-23Al-0.3Si-2.0Mg 镀层清除腐蚀产物后的低倍和高倍形貌图可以看出，镀层的整体表面腐蚀不太严重，基本保持表面的平整，只是部分枝晶间区发生很浅的腐蚀，说明加入 2.0wt% 的 Mg 使得镀层的富锌枝晶间区得到了强化，从而使得其耐蚀性得到了一定的提高。

以上主要研究了 Mg 对 Zn-23Al-0.3Si 镀层耐蚀性、成形性及微观结构的影响，得出的结论是在 Mg 的添加量为 2.0wt% 时其耐蚀性最好。下面在此合金镀层的基础上，探索加入一定量的 RE（镧铈混合）对 Zn-23Al-0.3Si-2.0Mg 镀层的影响。

RE 属于表面活性元素，它在提高合金镀液流动性的同时，还能改善镀层的外观质量，并且在镀液凝固过程中能够在镀层表面富集，并生成致密的氧化物膜，提高镀层耐蚀性。

此外，RE 还能加强镀层与基体的结合强度，改善镀层的可加工性。RE 能够细化晶粒，使合金组织均匀，而这种细小的共晶组织能阻止裂纹扩展，使合金的性能得到极大提高。

　　在大多数情况下，微量 Mg 和 RE 元素的添加，能有效地抑制锌铝合金的晶界腐蚀，并能增加镀层的光泽，能提高镀层在大气、土壤和海水中的耐蚀性。锌铝镁稀土合金因如此优异的性能，被广泛用于交通、电气、建筑等领域。

5.6　RE 对 Zn-23Al-0.3Si-2.0Mg 镀层外观及厚度的影响

　　在热浸镀 Zn-23Al-0.3Si-2.0Mg 镀层的基础上得到了所需的不同 RE 含量的镀层，选取其中两种镀层的宏观照片如图 5.11 所示。

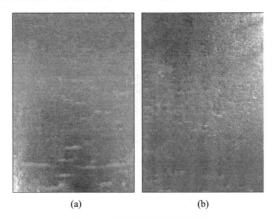

(a)　　　　　　　　　(b)

图 5.11　镀层表面宏观照片

(a) Zn-23Al-0.3Si-2.0Mg；(b) Zn-23Al-0.3Si-2.0Mg-0.15RE

　　未添加 RE 的 Zn-23Al-0.3Si-2.0Mg 镀层，其表面有少许部位出现了轻微的凸凹不平，添加 RE 后的 Zn-23Al-0.3Si-2.0Mg-0.15RE 镀层，镀层均匀平整，镀层表面组织细致均匀，初步说明镀层中加入 RE 可以细化镀层组织，提高其表观质量。

　　通过光学显微镜的测距功能对镀层厚度进行测量，金相图如图 5.12 所示。

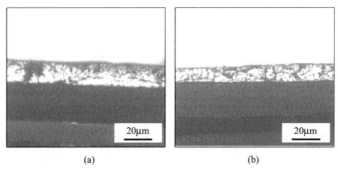

(a)　　　　　　　　　(b)

图 5.12　不同 RE 添加量的 Zn-23Al-0.3Si-2.0Mg 镀层金相图

(a) Zn-23Al-0.3Si-2.0Mg；(b) Zn-23Al-0.3Si-2.0Mg-0.15RE

本研究中的 Zn-23Al-0.3Si-2.0Mg 镀层的平均厚度为 20.5μm，随后加入 RE，镀层厚度整体呈现下降趋势，但总的来说镀层的厚度变化不大；当镀层中 RE 的加入量高于 0.20wt%时，镀层的厚度为 18.5μm。

5.7　RE 对 Zn-23Al-0.3Si-2.0Mg 镀层性能的影响

5.7.1　中性盐雾试验

在镀层 Zn-23Al-0.3Si-2.0Mg 中加入不同含量的 RE，在进行 72h 连续喷雾试验后，镀层表面变化如图 5.13 所示，盐雾试验腐蚀速度如表 5.3 所示，相应的折线统计图如图 5.14 所示。

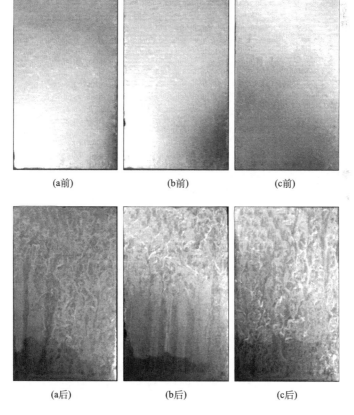

(a前)　　　　　　(b前)　　　　　　(c前)

(a后)　　　　　　(b后)　　　　　　(c后)

图 5.13　经过 72h 中性盐雾试验后的 Zn-23Al-0.3Si-2.0Mg-RE 镀层照片

(a) Zn-23Al-0.3Si-2.0Mg；(b) Zn-23Al-0.3Si-2.0Mg-0.15RE；(c) Zn-23Al-0.3Si-3.5Mg-0.25RE

表 5.3　不同 RE 添加量的 Zn-23Al-0.3Si-2.0Mg 镀层腐蚀速度

试验编号	镀层种类	试样表面积/mm²	腐蚀量/g	腐蚀速度/[g/(m²·h)]
1	Zn-23Al-0.3Si-2.0Mg	7920	0.015	0.0260
2	Zn-23Al-0.3Si-2.0Mg-0.05RE	7840	0.013	0.0228
3	Zn-23Al-0.3Si-2.0Mg-0.10RE	7503	0.009	0.0167
4	Zn-23Al-0.3Si-2.0Mg-0.15RE	7320	0.007	0.0133
5	Zn-23Al-0.3Si-2.0Mg-0.20RE	8241	0.014	0.0235
6	Zn-23Al-0.3Si-2.0Mg-0.25RE	8184	0.015	0.0254
7	Zn-23Al-0.3Si-2.0Mg-0.30RE	8040	0.018	0.0311

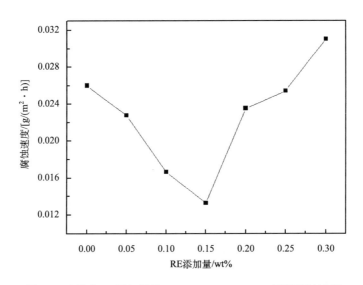

图 5.14　不同 RE 添加量的 Zn-23Al-0.3Si-2.0Mg 镀层腐蚀速度

　　由试验数据及折线图可以看出，RE 的添加对 Zn-23Al-0.3Si-2.0Mg 的耐蚀性有较大影响。当 RE 的加入量为 0.15wt%时，镀层的腐蚀速度最低[0.0133g/(m²·h)]，比 Zn-23Al-0.3Si-2.0Mg 的腐蚀速度下降了 54.3%。RE 具有细化晶粒、强化晶界的作用，能提高镀层的耐蚀性。但是，过量的 RE 会在镀层表面形成富集相，这将导致镀层发生局部腐蚀而降低其耐蚀性。

5.7.2　电化学测试

由不同 RE 含量的 Zn-23Al-0.3Si-2.0Mg 镀层的极化曲线推算的相关数据如表 5.4 所示。

表 5.4　极化曲线处理的数据

镀层编号	镀层类别	β_a/(mV/dec)	β_c/(mV/dec)	I_{corr}/(mA/cm²)	E_{corr}/V vs.SCE
1	Zn-23Al-0.3Si-2.0Mg	21.78	−17.40	20.8930	−0.9935
2	Zn-23Al-0.3Si-2.0Mg-0.05RE	20.01	−29.91	17.0608	−1.001
3	Zn-23Al-0.3Si-2.0Mg-0.10RE	23.82	−14.69	14.2233	−1.009
4	Zn-23Al-0.3Si-2.0Mg-0.15RE	20.84	−20.78	7.92501	−1.021
5	Zn-23Al-0.3Si-2.0Mg-0.20RE	17.86	−10.60	12.3595	−1.005
6	Zn-23Al-0.3Si-2.0Mg-0.25RE	26.33	−19.64	16.2555	−1.016

试样在进行测试后，在阴极与阳极塔菲尔电位区用外推法确定镀锌板的腐蚀电流和腐蚀电位。不同 RE 含量的 Zn-23Al-0.3Si-2.0Mg 镀层的极化曲线形状仍然大致相同，镀层的自腐蚀电位保持在−1.005V vs. SCE，此电位仍远远低于钢铁的腐蚀电位，对钢基体提供牺牲阳极保护的作用仍然存在。

观察表可知，RE 的加入使 Zn-23Al-0.3Si-2.0Mg 镀层的腐蚀电流密度呈现出先减小后增大的趋势，其中 Zn-23Al-0.3Si-2.0Mg-0.15RE 镀层的腐蚀电流最小，说明该镀层的耐蚀性最好，但整体加入 RE 后的镀层腐蚀电流密度都有所降低，因此，通过电化学也可以发现，加入适量的 RE 可以改善 Zn-23Al-0.3Si-2.0Mg 镀层的耐蚀性。

5.7.3　镀层成形性检测

对 RE 含量不同的 Zn-23Al-0.3Si-2.0Mg 镀层进行力学拉深试验，用金相显微镜观察镀层弯曲外表面的截面变化形貌。试验选取 Zn-23Al-0.3Si-2.0Mg-0.15RE 镀层与未添加 RE 的 Zn-23Al-0.3Si-2.0Mg 镀层的拉深杯弯曲外表面形貌如图 5.15 所示，图中右上角为各自的局部放大图。

由图 5.15 可知，与未加 RE 的基础镀层 Zn-23Al-0.3Si-2.0Mg 相比，Zn-23Al-0.3Si-2.0Mg-0.15RE 镀层裂纹全部消失，镀层截面组织细密，厚度均匀。文献资料表明，RE 有细化晶粒的作用，同时还能提高金属材料的强度，RE 的加入，对镀层有很大的改善，不仅提高其耐蚀性，还提高了镀层的成形性，因此广泛应用于 Zn-Al 合金镀层中。

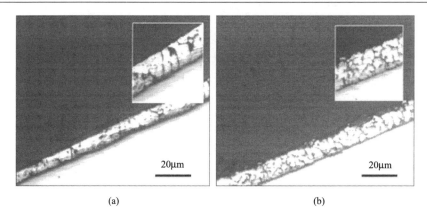

(a)   (b)

图 5.15　不同拉深杯弯曲外表面(Obs1)的截面形貌

(a) Zn-23Al-0.3Si-2.0Mg 杯；(b) Zn-23Al-0.3Si-2.0Mg-0.15RE 杯

5.8　RE 对 Zn-23Al-0.3Si-2.0Mg 镀层微观结构的影响

5.8.1　镀层表面微观形貌分析

本节通过 SEM 和 EDS 检测添加不同含量的 RE 对 Zn-23Al-0.3Si-2.0Mg 镀层表面结构微观形貌的影响。图 5.16 为 RE 添加前后镀层表面微观形貌变化的 SEM 图(背散射图)。

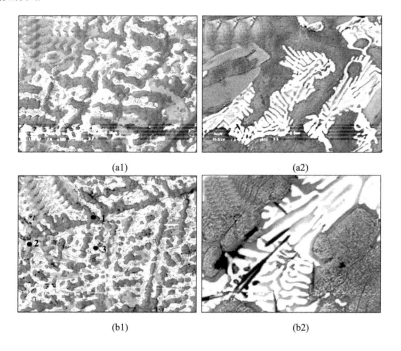

(a1)   (a2)

(b1)   (b2)

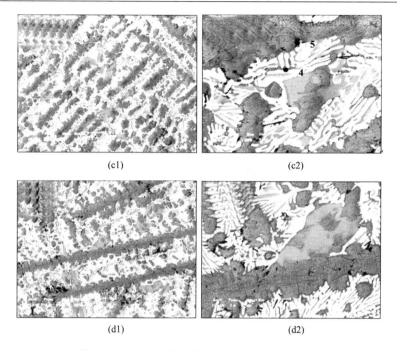

图 5.16　不同 RE 含量的镀层 SEM 图(背散射图)

(a1) Zn-23Al-0.3Si-2.0Mg；(a2) 图 (a1) 局部放大图；(b1) Zn-23Al-0.3Si-2.0Mg-0.05RE；(b2) 图 (b1) 局部放大图；
(c1) Zn-23Al-0.3Si-2.0Mg-0.15RE；(c2) 图 (c1) 局部放大图；(d1) Zn-23Al-0.3Si-2.0Mg-0.25RE；(d2) 图 (d1) 局部放
大图

Zn-23Al-0.3Si-2.0Mg 镀层表面主要为枝晶结构，镀层表面主要由富铝相、纯锌相周围的锌铝镁三元共晶和锌镁二元共晶相组织组成，通过观察添加 0.05wt% RE 后的镀层形貌可以发现枝晶被细化，说明 RE 具有细化铝枝晶的作用，但是细化还不够彻底，只有部分得到了细化。图 5.16(c1) 为 Zn-23Al-0.3Si-2.0Mg-0.15RE 镀层，由图可以看出，镀层的粗大枝晶结构已经全部被细化为圆形或短棒状结构，镀层显示的结构类似于等轴晶结构。随着 RE 的加入量不断增加至 0.25wt%时，其细化富铝相的作用不断减弱，并在镀层的表面生成了片状的稀土富集相。过量的 RE 富集在镀层表面，在腐蚀过程中镀层将会发生局部腐蚀，因此，试验过程中不宜添加过多的 RE。

5.8.2　镀层表面物相分析

图 5.17 为添加不同含量的 RE 后 Zn-23Al-0.3Si-2.0Mg 镀层表面的 XRD 图。

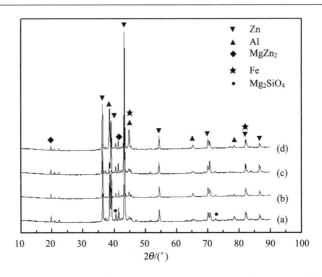

图 5.17　不同 RE 含量的 Zn-23Al-0.3Si-2.0Mg 镀层 XRD 图

(a) Zn-23Al-0.3Si-2.0Mg；(b) Zn-23Al-0.3Si-2.0Mg-0.05RE；(c) Zn-23Al-0.3Si-2.0Mg-0.15RE；

(d) Zn-23Al-0.3Si-2.0Mg-0.25RE

由图可以看出，添加不同的 RE 量对镀层的物相组成影响不大，镀层均由 Zn、Al、MgZn$_2$ 和 Fe 构成，另外有极少量的 Mg$_2$SiO$_4$ 出现，这说明添加 RE 元素并没有大范围改变镀层的组成。由图还可以看出，各个镀层中 Zn 和 Al 相的衍射峰强度大致相同，镀层中没有检测出稀土相，这可能是由于稀土的含量太低，无法被检测到。

5.9　Zn-23Al-0.3Si-2.0Mg-RE 镀层耐腐蚀机理分析

5.9.1　镀层腐蚀产物物相分析

图 5.18 为 RE 含量分别为 0.05wt%、0.15wt%、0.25wt%的镀层与 Zn-23Al-0.3Si-2.0Mg 镀层的腐蚀产物 XRD 图。

由图中可以看出，各个镀层腐蚀产物的物相一致，说明加入少量的 RE 并没有改变 Zn-23Al-0.3Si-2.0Mg 镀层中腐蚀产物的组成。图中 Zn、Al 的衍射峰较强，表明耐蚀性较好，是由于 RE 是表面活性元素，大多分布在镀层的表面并形成一种均匀致密的氧化物层，并具有抑制腐蚀介质和杂质离子向镀层内部扩散的作用，因此 RE 的加入可以提高镀层的抗氧化性和耐腐蚀性。但当 RE 加入量达到 0.25%时，Al 的相对含量明显增加，而 Zn 的含量显著减少，说明 RE 失去作用，Zn 被优先腐蚀了，这是镀层耐蚀性降低的原因之一。

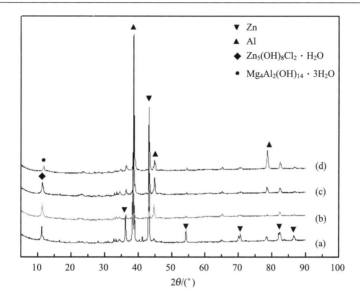

图 5.18　不同 RE 含量的 Zn-23Al-0.3Si-2.0Mg 镀层腐蚀产物的 XRD 图

(a) Zn-23Al-0.3Si-2.0Mg；(b) Zn-23Al-0.3Si-2.0Mg-0.05RE；(c) Zn-23Al-0.3Si-2.0Mg-0.15RE；

(d) Zn-23Al-0.3Si-2.0Mg-0.25RE

5.9.2　镀层腐蚀产物形貌分析

为了了解 RE 对 Zn-23Al-0.3Si-2.0Mg 镀层产生耐蚀性的原因，本试验通过
SEM 和 EDS 研究 RE 对 Zn-23Al-0.3Si-2.0Mg 镀层腐蚀产物的影响，如图 5.19
所示。

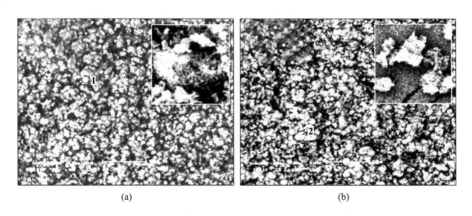

(a)　　　　　　　　　　　　　　　(b)

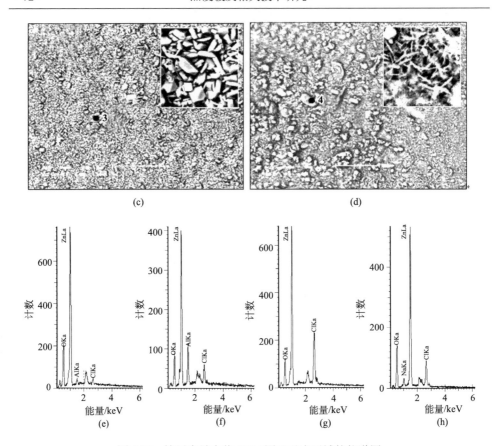

图 5.19　镀层腐蚀产物 SEM 图及对应区域的能谱图

(a) Zn-23Al-0.3Si-2.0Mg；(b) Zn-23Al-0.3Si-2.0Mg-0.05RE；(c) Zn-23Al-0.3Si-2.0Mg-0.15RE；

(d) Zn-23Al-0.3Si-2.0Mg-0.25RE；(e) 图 (a) 点 1 能谱；(f) 图 (b) 点 2 能谱；(g) 图 (c) 点 3 能谱；(h) 图 (d) 点 4 能谱

对比图可以看出，加入 0.05wt% RE 的镀层腐蚀产物致密性提高不大，依然有微小的裂纹存在。而 Zn-23Al-0.3Si-2.0Mg-0.15RE 镀层的腐蚀产物呈非晶状态，且在镀层表面均匀覆盖，形成了致密的腐蚀产物层，且没有裂纹存在，这也是此镀层具有较高耐蚀性的原因。随着 RE 量的进一步增加，RE 含量达到 0.25wt% 时，镀层并没有呈现出更高的致密性，相反腐蚀产物较不均匀，有些区域较疏松，使得其防护性有所下降。

5.9.3　镀层腐蚀类型分析

为了研究 RE 对 Zn-23Al-0.3Si-2.0Mg 镀层耐蚀性的影响及其原因，经过 96h 中性盐雾试验后，对镀层进行腐蚀类型分析，其形貌如图 5.20 所示。

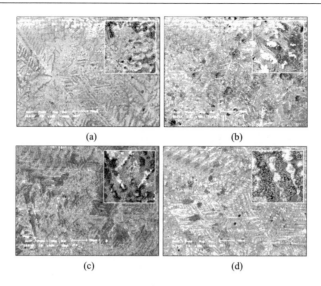

图 5.20　清除腐蚀产物后的镀层表面 SEM 图

(a) Zn-23Al-0.3Si-2.0Mg；(b) Zn-23Al-0.3Si-2.0Mg-0.05RE；(c) Zn-23Al-0.3Si-2.0Mg-0.15RE；
(d) Zn-23Al-0.3Si-2.0Mg-0.25RE

　　对比图5.20各分图之间的腐蚀情况，可以看出镀层之间的差异相当明显。图 5.20(a) 所示的为未添加 RE 的 Zn-23Al-0.3Si-2.0Mg 镀层，由前面可知，此镀层的腐蚀速度已经相对较小，表面只有较浅的腐蚀坑出现，但对比图5.20(b) 和图5.20(c) 可知，加入0.05wt%和0.15wt%的镀层更加耐腐蚀，腐蚀后的镀层表面较均匀，尤其是 Zn-23Al-0.3Si-2.0Mg-0.15RE 镀层的腐蚀坑浅而小，基本认定此种腐蚀为均匀腐蚀。这也是此种镀层更耐腐蚀的重要原因。在通常情况下，腐蚀环境中的介质 O 和 S 易于在镀层的晶界富集，因此大部分的 Zn-Al 合金镀层腐蚀类型均为晶间腐蚀。但如果合金中加入一定量的 RE 元素，RE 元素能够与 S 和 O 优先发生反应并在晶界处得到富集，因此起到了强化晶界的作用，从而提高了镀层的耐蚀性。

　　随着 RE 加入量进一步增加至 0.25wt%时，镀层的耐腐蚀性有所降低，如图 5.20(d) 所示，镀层表面晶界处腐蚀坑有加深趋势且有其他杂物生成，此时说明 RE 的强化晶界作用和耐腐蚀性能都在下降。正如前面所述，RE 的加入量并非越多越好，随着 RE 加入量的增加，过多的 RE 将会在镀层表面富集，此时它的细化晶粒和强化晶界作用逐渐减弱，因此耐蚀性也大大降低。

第6章 热浸镀 Zn-55Al-1.6Si-Mg-RE 合金镀锌板研发

6.1 引　言

Galvalume 镀锌板(Zn-55Al-1.6Si)由伯利恒钢铁公司研制,由于其出色的耐蚀性,在过去的几十年内该镀锌板的生产量和使用范围越来越广。García 等[48]将 Galvalume 镀层优良的耐蚀性归因于:①网状的 Al-Zn 固溶体结构;②枝晶间区锌的牺牲阳极保护作用。随着科技的发展,对镀锌板的性能提出了新的要求,如更高的耐蚀性、更好的切边保护性、更好的成形性、更好的环保性能,因此开发具有更加优良的镀锌板成为一项有意义的工作。

很多学者通过多种检测方法评价了 Galvalume 在大气以及腐蚀环境中的腐蚀速度和腐蚀机理,同样几乎没有人关注如何进一步改善其耐蚀性。文献资料表明改善镀层耐蚀性最有效的方法是合金化,由于含 Mg 锌合金镀层具有出色的耐蚀性而受到广泛的关注,研究表明 Mg 可以改善镀层的耐蚀性和表观质量,而且多种含镁镀层已经开始工业生产,如 Zn-11Al-3Mg-0.2Si、Zn-6Al-3Mg 和 Zn-0.5Mg 镀层。RE 也可以改善镀层的耐蚀性,此外 RE 还可以细化镀层组织提高镀层的表观质量,还能降低镀层厚度、提高镀层可加工性。含稀土镀层也早已开始商业化,如 Zn-5Al-0.1RE 镀层(Galfan)。

综上所述,用 Mg 和 RE 对 Galvalume 镀层进行合金化提高镀层的耐蚀性具有可行性。本书作者的研发团队研究了 Mg 和 RE 对 Galvalume 镀层结构、耐蚀性和成形性的影响,以及改性前后镀层的腐蚀机理。采用电解助镀工艺对钢板进行前处理,采用实验室热浸镀锌模拟试验机在 610℃下热浸镀 5s 制备热浸镀锌合金冶金钢板。

首先研究 Mg 对 Galvalume 镀层的结构和耐蚀性,确定 Mg 在 Galvalume 镀层中最佳的添加量 X;在 Mg 添加量为 X 的前提下,进一步研究 RE 对 Zn-55Al-1.6Si-XMg-RE 镀层微观结构、耐蚀性和成形性的影响。

为便于描述,将添加 0.5% Mg 的 Galvalume 镀层命名为 G-0.5Mg,其他 Mg 含量的镀层以此类推;将添加 1.5% Mg 和 0.05% RE 的镀层命名为 G-1.5Mg-0.05RE 镀层,其他 RE 含量的镀层以此类推。

6.2　Mg 对 Galvalume 镀层表面微观结构的影响

图 6.1 为 Mg 添加前后 Galvalume 镀层表面的 SEM 图（背散射图），表 6.1 为镀层不同区域的 EDS 检测结果。观察后可知，Galvalume 镀层表面[图 6.1(a)]呈现枝晶结构，镀层表面由富铝枝晶、富锌枝晶间区和黑色的富硅相（表 6.1）构成。图 6.1(b) 为 G-1.5Mg 镀层表面的 SEM 图，对比图 6.1(a) 可以发现，Mg 加入后镀层表面的富铝相仍然保持着枝晶结构，不同的是在富锌的枝晶间区生成了白色的富镁相[表 6.1 和图 6.1(c)]。随着 Mg 加入量增加至 2.5wt%，在镀层的枝晶间区生成了结晶状态良好的富镁枝晶（表 6.1），如图 6.1(d) 所示。

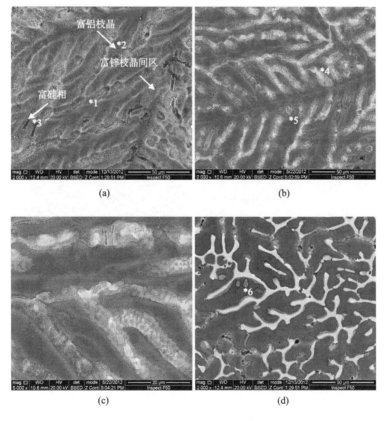

图 6.1　不同 Mg 含量的 Galvalume 镀层的 SEM 图（背散射图）

(a) Galvalume；(b) G-1.5Mg；(c) 图 (b) 局部放大图；(d) G-2.5Mg

前人的研究结果表明，Mg（含镁相）虽然可以提高镀层的耐蚀性，但是其本身并不耐腐蚀，而且由于不同相之间存在电化学性质差异，因此这种结晶良好的含富镁枝晶可能不利于镀层耐蚀性的提高，这部分内容将在本书后面的内容中详细讨论。

表 6.1　图 6.1 中镀层不同区域的 EDS 检测结果（at%）

点序号[a]	Zn	Al	Fe	Mg	Si
1	19.26	79.72	0.45	—	0.57
2	60.38	39.62	—	—	—
3	11.43	10.87	0.39	—	77.31
4	67.71	7.74	1.16	23.39	—
5	21.95	76.91	0.34	0.81	—
6	67.41	—	—	32.59	—

a. 编号位置如图 6.1 所示。

　　为了弄清合金元素在镀层中的分布状况，特别是 Mg 的分布规律，对 G-1.5Mg 镀层进行了 EDS 元素面扫描，如图 6.2 所示，观察后可以发现 Al 主要在富铝枝晶处分布，Zn 和 Mg 有相同的分布特点，均主要分布于镀层的枝晶间区。

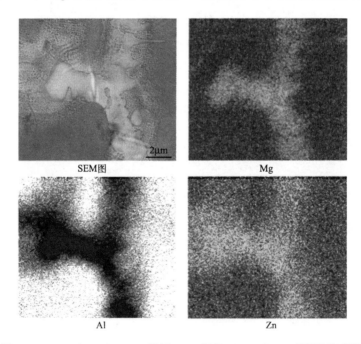

图 6.2　Zn-55Al-1.6Si-1.5Mg 镀层 SEM 图及 Mg、Al、Zn 能谱面扫描图

经 SEM、EDS 点成分分析和面扫描，基本搞清了 Mg 对 Galvalume 镀层表面结构的影响，以及合金元素在镀层中的分布规律，但是富镁相的相组成仍需要进一步检测。为此对镀层表面的相组成进行 XRD 检测，检测结果如图 6.3 所示。观察后可以发现，Zn 和 Al 相在四种镀层中都有分布。Mg 加入镀层之后，镀层中出现了 $MgZn_2$ 相，当 Mg 加入量为 0.5wt%时，$MgZn_2$ 相峰的强度很弱，但是随着 Mg 加入量的增加逐渐增强了。这一检测结果表明在含镁 Galvalume 镀层枝晶间区富集的白色富镁相为 $MgZn_2$。镀层中 Fe 的峰是由热浸镀锌过程中钢板表面的 Fe 向锌液中扩散引起的。

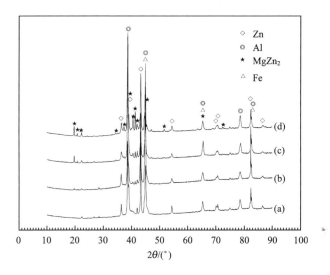

图 6.3　不同 Mg 含量的 Galvalume 镀层的 XRD 图

(a) Galvalume；(b) G-0.5Mg；(c) G-1.5Mg；(d) G-2.5Mg

6.3　Mg 对 Galvalume 镀层截面微观结构和厚度的影响

采用 SEM 和 EDS 检测 Galvalume 镀层和 G-1.5Mg 镀层截面的微观结构，如图 6.4 和表 6.2 所示，通过对比研究 Mg 对 Galvalume 镀层截面微观结构的影响。图 6.4(a) 为 Galvalume 镀层截面的 SEM 图，观察后可知，Galvalume 镀层为双层结构(内层和外层)。EDS 检测结果(表 6.2)表明内层为薄的金属间化合物层，其主要由 Al-Fe 和 Al-Fe-Si 金属间化合物构成，并含有少量的 Zn，硅主要在该层富集，这主要是由于 Si-Fe 的反应速率最快。在热浸镀锌过程中，锌液中的合金元素和钢板表面的铁能发生金属间化学反应，从而在钢板表面生成金属间化合物层，为抑制 Al-Fe/Zn-Fe 间的快速反应，通常向锌液中加入 Si 抑制合金层的过快生长；

外层由富铝枝晶和富锌枝晶间区构成。图 6.4(b) 为 G-1.5Mg 镀层截面的 SEM 图，观察后可知 Mg 的加入没有改变 Galvalume 镀层的双层结构，EDS 检测结果显示 Mg 在镀层枝晶间区富集，如表 6.2 所示。值得注意的是，Mg 的加入使得镀层的金属间化合物层变得更均匀，其厚度也变薄了。有文献表明，在热浸镀锌过程中形成厚度薄而均匀的合金层将有助于改善镀层的成形性。

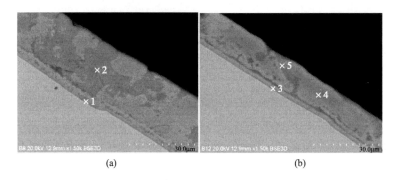

(a)　　　　　　　　　　　　　(b)

图 6.4　Galvalume 镀层(a) 和 G-1.5Mg(b) 镀层截面微观结构的 SEM 图

表 6.2　图 6.4 中镀层不同区域 EDS 检测结果(at%)

点序号 [a]	Zn	Al	Fe	Mg	Si
1	4.41	62.37	23.88	—	9.34
2	14.09	83.67	0.34	—	1.90
3	2.72	68.87	20.98	—	7.43
4	15.14	80.29	2.76	—	1.81
5	15.73	74.21	3.09	2.17	4.80

a. 编号位置如图 6.4 所示。

由于镀层的厚度是镀锌板的一项重要的质量指标，这是因为在镀锌过程中锌合金的消耗量、镀锌板的成形性和使用寿命与其密切相关。用光学显微镜(OM) 检测镀层的厚度，检测过程中用显微镜的测距功能测量镀层的厚度，每种镀层选取 20 个不同的视场(钢板两侧各 10 个)进行观察，然后求平均值，以此评价 Mg 对 Galvalume 镀层厚度的影响，检测结果如表 6.3 所示。由表 6.3 可知，本研究采用热浸镀工艺条件下 Galvalume 镀层的平均厚度为 28.6μm，随着 Mg 的加入(0～1.5wt%)，Galvalume 镀层的厚度逐步降低；当加入量为 1.5wt%～2.5wt%时，镀层的厚度基本维持在 16～17μm。由此可以判断：Mg 的加入可以降低 Galvalume

镀层的厚度，即降低镀锌过程中锌的消耗量和生产成本。

表 6.3　不同 Mg 添加量的 Galvalume 镀层的厚度

镀层种类	平均厚度/μm[a]	镀层种类	平均厚度/μm[a]
Zn-55Al-1.6Si	28.6	G-1.5Mg	16.4
G-0.5Mg	26.2	G-2.0Mg	16.7
G-1.0Mg	19.4	G-2.5Mg	16.8

a. 指的是 20 个视场所测厚度的平均值。

6.4　Mg 对 Galvalume 镀层耐蚀性的影响

采用中性盐雾试验(试验条件参照 GB/T 10125—2012，试验周期为 168h)和电化学测试(动电位极化测试，电位扫描速度 1mV/s)评价 Si 和 RE 对 ZAM 镀层耐蚀性的影响。

6.4.1　中性盐雾试验

采用中性盐雾试验初步评价 Mg 对 Galvalume 镀层耐蚀性的影响，试验结束后用失重法评价镀层腐蚀速度。不同 Mg 含量的 Galvalume 镀层在中性盐雾试验中的腐蚀速度如表 6.4 所示，观察后可发现 Galvalume 镀层(在盐雾试验中)的腐蚀速度为 $0.0356g/(m^2 \cdot h)$，并随 Mg 含量的升高先减小后增大，G-1.5Mg 镀层的腐蚀速度最小[$0.0243g/(m^2 \cdot h)$]，即此时镀层的耐蚀性最强。经计算，G-1.5Mg 镀层的腐蚀速度为 Galvalume 镀层的 68.26%。G-2.5Mg 的腐蚀速度 [$0.0323g/(m^2 \cdot h)$]接近于 Galvalume 镀层，这可能与镀层表面大量生成的 $MgZn_2$ 有关。因此，添加适量的 Mg 可以显著地提高 Galvalume 镀层的耐蚀性，但是加入量不宜超过 1.5wt%。

表 6.4　不同 Mg 添加量的 Galvalume 镀层的腐蚀速度

镀层种类	腐蚀速度/[$g/(m^2 \cdot h)$]	镀层种类	腐蚀速度/[$g/(m^2 \cdot h)$]
Galvalume	0.0356	G-1.5Mg	0.0243
G-0.5Mg	0.0305	G-2.0Mg	0.0276
G-1.0Mg	0.0285	G-2.5Mg	0.0323

6.4.2　电化学测试

利用动电位极化测试研究 Mg 对 Galvalume 镀层耐蚀性的影响，电化学测试前将样品置于 3.5wt% NaCl 溶液中浸泡 30min 以获得镀层稳定的开路电位。先对样品进行极化测试，然后在阴极和阳极塔菲尔电位区用外推法确定镀锌板的腐蚀电流和腐蚀电位。图 6.5 为不同 Mg 含量的 Galvalume 镀层的极化曲线，根据极化曲线推算的相关数据如表 6.5 所示。观察后可以发现不同 Mg 含量的 Galvalume 镀层的极化曲线的形状大致相同，镀层的腐蚀电位大致相同，基本在 −1.1V vs.SCE 左右，远低于铁的腐蚀电位，因此所有的镀层都可以为钢板提供牺牲阳极保护。文献资料表明不同的腐蚀电流预示着不同的腐蚀速度，Galvalume 镀层的腐蚀电

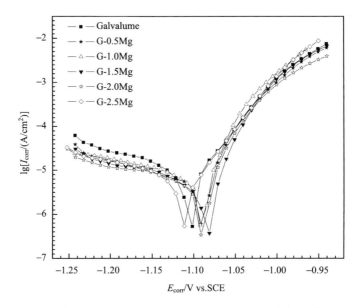

图 6.5　不同 Si 和 RE 添加量的 Galvalume 镀层在 3.5wt% NaCl 溶液中 (浸泡 30min) 的极化曲线

表 6.5　极化曲线处理的数据

样品名称	β_a/(mV/dec)	β_c/(mV/dec)	E_{corr}/V vs.SCE	I_{corr}/(μA/cm²)
Galvalume	47.42	78.19	−1.105	5.745
G-0.5Mg	32.05	185.78	−1.089	4.217
G-1.0Mg	23.27	93.40	−1.088	3.622
G-1.5Mg	19.98	103.41	−1.081	1.958
G-2.0Mg	34.95	121.14	−1.095	3.221
G-2.5Mg	40.58	150.84	−1.102	4.819

流随 Mg 含量的增加先减小后增大，当 Mg 加入量为 1.5wt%时（即 G-1.5Mg 镀层）镀层的腐蚀电流最小，说明该镀层的耐蚀性最好，因此适量 Mg 的加入可以提高 Galvalume 镀层的耐蚀性。

6.5　RE 对 Zn-55Al-1.6Si-1.5Mg 镀层微观结构的影响

在 Galvalume 镀层 Mg 添加量 1.5wt%的基础上，研究 RE 加入量（0、0.05wt%、0.10wt%、0.15wt%、0.20wt%和 0.25wt%）对 G-1.5Mg 镀层结构和性能的影响。图 6.6 和表 6.6 分别为不同 RE 含量的 G-1.5Mg 镀层表面的 SEM 图和不同区域的 EDS 分析结果。G-1.5Mg 由富铝枝晶、富锌间区和 MgZn$_2$ 构成，如图 6.6（a）所示。图 6.6（b）为 G-1.5Mg-0.05RE 镀层的 SEM 图，观察后可以发现 0.05wt%的 RE 具有细化富铝枝晶的作用，但是富铝枝晶的细化还不彻底（约 70%的富铝枝晶被细化了）。图 6.6（c）为 G-1.5Mg-0.15RE 镀层表面的 SEM 图，观察后可以发现镀层表面的富铝枝晶全部被细化为圆形和短棒状，镀层显示出类似于等轴晶的结构。MgZn$_2$ 分布于枝晶间区，如图 6.6（d）所示，在富铝相的周围分布着 Zn/Al/MgZn$_2$ 共晶组织，如图 6.6（e）所示。随着 RE 加入量的进一步增加至 0.25wt%，其细化富铝相的能力减弱了，并在镀层表面生成了白色的片状富稀土相，如图 6.6（f）所示，该稀土富集相的元素组成如表 6.6 所示。文献资料表明：在钢板表面锌液凝固过程中，RE 在 Al 相周围富集，可以起到抑制富铝相生长的作用。但是过量加入 RE 会在镀层表面形成稀土富集相，在腐蚀过程中镀层将发生局部腐蚀，并且镀层的耐腐蚀性将下降。

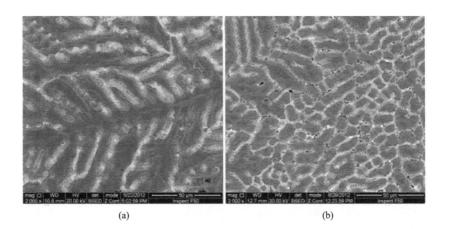

(a)　　　　　　　　　　　　　　(b)

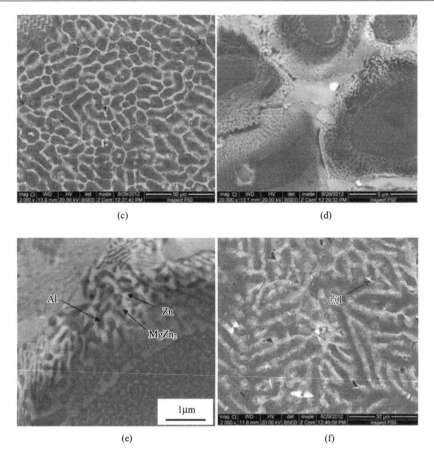

图 6.6　不同 RE 含量的 G-1.5Mg 镀层的 SEM 图（背散射图）

(a) G-1.5Mg；　(b) G-1.5Mg-0.05RE；　(c) G-1.5Mg-0.15RE；　(d) 图 (c) 局部放大图；　(e) 图 (d) 局部放大图；

(f) G-1.5Mg-0.25RE

表 6.6　图 6.6（f）中稀土富集相的 EDS 检测结果

点序号 [a]	Zn/wt%	Al/wt%	Mg/wt%	La/wt%	Ce/wt%
1	79.62	4.61	1.16	4.97	9.64

a. 编号位置如图 6.6(f)所示。

　　图 6.7 为不同 RE 含量的 G-1.5Mg 镀层表面的 XRD 图，观察后可以发现所有的镀层均由 Zn、Al、$MgZn_2$ 和 Fe 构成，RE 的加入并没有改变镀层的物相组成。值得注意的是，在 G-1.5Mg-0.25RE 镀层的表面并没有检测出稀土富集相，这可能与该镀层表面稀土富集相的质量分数比较低有关。

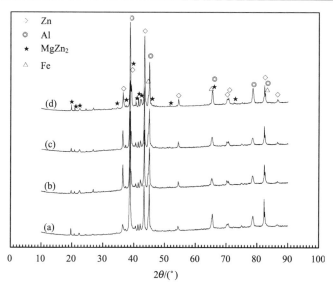

图 6.7　不同 RE 含量的 G-1.5Mg 镀层表面的 XRD 图

(a) G-1.5Mg；(b) G-1.5Mg-0.05RE；(c) G-1.5Mg-0.15RE；(d) G-1.5Mg-0.25RE

6.6　RE 对 Zn-55Al-1.6Si-1.5Mg 镀层厚度的影响

采用光学显微镜研究 RE 对 G-1.5Mg 镀层的影响。在检测过程中，将不同 RE 含量的 G-1.5Mg 镀层的截面经机械抛光后在显微镜下进行观察，用显微镜的测距功能测量镀层的厚度(钢板两侧各取 10 个视场)，然后求平均值，以此研究 RE 对 G-1.5Mg-RE 镀层厚度的影响，结果如表 6.7 所示，观察后可以发现随着 RE 加入量的增加，G-1.5Mg-RE 镀层厚度逐步减薄，当 RE 加入量增加至 0.15wt%时镀层的厚度降低到了 14μm 以下，但是随着 RE 加入量进一步降低，镀层厚度减小的幅度变得很小，其中 G-1.5Mg-0.25RE 镀层的厚度最薄(仅 13.2μm)。与 G-1.5Mg 相比，G-1.5Mg-0.25RE 镀层的厚度降低了 19.5%。与 Galvalume 镀层相比，G-1.5Mg-0.25RE 镀层的厚度降低了 53.8%。在热浸镀锌行业中，镀层厚度的降低有利于锌耗(生产成本)的降低。

表 6.7　不同 RE 含量的 Zn-55Al-1.6Si-1.5Mg 镀层的厚度

镀层种类	平均厚度/μm[a]	镀层种类	平均厚度/μm[a]
G-1.5Mg	16.4	G-1.5Mg-0.15RE	13.9
G-1.5Mg-0.05RE	15.6	G-1.5Mg-0.20RE	13.6
G-1.5Mg-0.10RE	14.2	G-1.5Mg-0.25RE	13.2

a. 指的是 20 个视场所测厚度的平均值。

6.7　RE 对 Zn-55Al-1.6Si-1.5Mg 镀层耐蚀性的影响

6.7.1　中性盐雾试验

采用中性盐雾试验(试验条件参照 GB/T 10125—2012,试验周期为 168h)和失重法快速地评价 RE 对 G-1.5Mg 镀层耐蚀性的影响。G-1.5Mg-RE 系列镀层在中性盐雾中的腐蚀速度如表 6.8 所示,观察后可以清楚地发现,随着 RE 的加入,G-1.5Mg 镀层的腐蚀速度先减小后增大,G-1.5Mg-0.15RE 镀层的腐蚀速度最小 $[0.0164g/(m^2 \cdot h)]$,为 G-1.5Mg 镀层腐蚀速度的 67.5%,也就是在该试验条件下该镀层的耐蚀性最强。值得注意的是,含 RE 的 G-1.5Mg-0.25RE 镀层的腐蚀速度超过了 G-1.5Mg 镀层,因此过量 RE 的加入不利于镀层耐蚀性的提高,其原因将在下面详细讨论。

表 6.8　不同 RE 添加量的 G-1.5Mg-RE 镀层的腐蚀速度

镀层种类	腐蚀速度/$[g/(m^2 \cdot h)]$	镀层种类	腐蚀速度/$[g/(m^2 \cdot h)]$
G-1.5Mg	0.0243	G-1.5Mg-0.15RE	0.0164
G-1.5Mg-0.05RE	0.0206	G-1.5Mg-0.20RE	0.0183
G-1.5Mg-0.10RE	0.0187	G-1.5Mg-0.25RE	0.0272

由 6.4.1 节可知 Galvalume 在中性盐雾中的腐蚀速度为 $0.0356g/(m^2 \cdot h)$,而相同试验条件下 G-1.5Mg-0.15RE 镀层的腐蚀速度为 $0.0164g/(m^2 \cdot h)$,因此 G-1.5Mg-0.15RE 镀层的腐蚀速度只有 Galvalume 镀层的 46.1%。由此可知,适量的 Mg 和 RE 可以显著增强 Galvalume 镀层的耐蚀性。

文献资料表明:RE 可以提高镀层腐蚀产物的致密性,提高镀层的表面质量,减少镀层缺陷,在镀层表面形成致密的稀土氧化物膜,因此可以提高镀层的耐蚀性。

6.7.2　电化学测试

采用动电位极化测试研究 RE 对 G-1.5Mg 镀层腐蚀特性的影响,先对样品进行极化测试,然后在阴极和阳极塔菲尔电位区用外推法确定镀锌板的腐蚀电流和腐蚀电位。图 6.8 为不同 RE 含量的 G-1.5Mg 镀层的极化曲线,极化曲线推算的相关数据如表 6.9 所示,观察后可以发现镀层的腐蚀电位大致相同,基本在$-1.1V$ vs.SCE 左右,远低于铁的腐蚀电位,因此所有的镀层都可以为钢板提供牺牲阳极保护。值得注意的是:G-1.5Mg-RE 镀层的腐蚀电流随 RE 含量的增加先减小后增大,其中 G-1.5Mg-0.15RE 镀层的腐蚀电流最小,说明该镀层的耐蚀性最好。因此，电化学测试结果表明：加入适量的 RE 可以改善 G-1.5Mg 镀层的耐蚀性，但是加入过量的 RE 不利于镀层耐蚀性的提高。

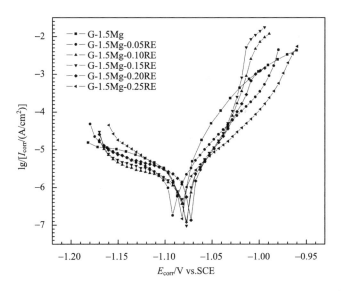

图 6.8　不同 RE 含量的 G-1.5Mg 镀层在 3.5wt% NaCl 溶液中的极化曲线

表 6.9　极化曲线处理的数据

样品名称	β_a/(mV/dec)	β_c/(mV/dec)	E_{corr}/V vs.SCE	I_{corr}/(μA/cm²)
G-1.5Mg	19.98	103.41	−1.081	1.958
G-1.5Mg-0.05RE	58.53	35.16	−1.089	1.384
G-1.5Mg-0.10RE	28.85	125.31	−1.074	1.243
G-1.5Mg-0.15RE	27.64	66.04	−1.080	0.875
G-1.5Mg-0.20RE	29.54	58.77	1.076	1.210
G-1.5Mg-0.25RE	49.67	60.84	−1.084	1.472

6.7.3　全浸试验

采用全浸试验研究 Mg 和 RE 对 Galvalume 镀层耐蚀性的影响，为了更清楚地区分 Mg 和 RE 对镀层耐蚀性的影响，分别检测 G-Mg 和 G-1.5Mg-RE 系列镀层在 5wt% NaCl 溶液中的抗腐蚀时间（使用寿命）。全浸试验一直持续到镀锌板 25% 的表面生成红锈时（认定此时的镀层对镀层失去保护能力，镀层失效）结束，以镀锌板在 NaCl 溶液中的抗腐蚀时间作为镀锌板的使用寿命，并以此评价 Mg 和 RE 对 Galvalume 耐蚀性的影响。

1. Mg 对 Galvalume 镀层耐蚀性的影响

不同 Mg 含量的 Galvalume 镀层在 5wt% NaCl 溶液中的耐久性(使用寿命)如表 6.10 所示,观察后可知,Galvalume 镀层在 5wt% NaCl 溶液中的使用寿命为 6984h,而且其使用寿命随着 Mg 含量的增加先增后减,其中 G-1.5Mg 镀层的使用寿命最长(13010h),与 Galvalume 镀层相比,G-1.5Mg 镀层的使用寿命延长了 86.3%,说明添加 1.5wt%的 Mg 可以显著增强镀层的耐蚀性。

表 6.10　不同 Mg 含量的 Galvalume 镀层在 5wt% NaCl 溶液中的耐久性

镀层种类	耐久性/h	镀层种类	耐久性/h
Galvalume	6984	G-1.5Mg	13010
G-0.5Mg	7896	G-2.0Mg	12048
G-1.0Mg	8928	G-2.5Mg	9768

在不同的腐蚀阶段用数码相机对镀锌板拍照,如图 6.9 所示。镀层的腐蚀速度与镀层腐蚀产物的致密性、黏附性和通透性相关,致密性高、黏附性好的腐蚀产物可以有效地阻止腐蚀介质(包括分子和离子等)对镀层进行腐蚀,提高镀层的耐蚀性;相反,致密性差、疏松的、易脱落的腐蚀产物对镀层的保护作用就差得多。本节对镀层腐蚀产物的实际形貌进行了对比(图 6.9),以此分析镀层的腐蚀状况,并分析镀层耐蚀性改变的原因。

图 6.9(a)~(d)为不同腐蚀阶段 Galvalume 镀层表面的宏观照片。第 240h,镀层开始局部腐蚀,如图 6.9(a)所示;第 720h,镀层表面开始产生白锈,如图 6.9(b)所示;第 3600h 镀层表面全部被白锈覆盖,很显然白锈的均匀性、致密性和附着性比较差,如图 6.9(c)所示;第 6984h 时,镀层白锈处脱落腐蚀产物脱落,约 25%的镀层表面产生了红锈,如图 6.9(d)所示,认定此时镀层失效。因此 Galvalume 在 5wt% NaCl 溶液中的使用寿命为 6984h。在白锈处产生红锈验证了疏松、附着性差的腐蚀产物对镀层的防护性差这一结论。

图 6.9(e)~(h)为不同腐蚀阶段 G-0.5Mg 镀层表面的宏观照片。从图 6.4(e)可以看出在腐蚀的初始阶段(第 240h)镀层开始发生局部腐蚀;在第二阶段(第 720h)镀层表面开始全面腐蚀,并产生白锈,但是与图 6.9(b)相比白锈产量明显少得多,如图 6.9(f)所示;在腐蚀的第三阶段[第 3600h,如图 6.9(g)所示]镀层表面产生的白锈量也少于同期的 Galvalume 镀层,镀层表面主要是致密的黑色腐蚀产物;第 7896h 时白锈脱落,约 25%的镀层表面产生了红锈[图 6.9(h)],认定此时镀层失效。

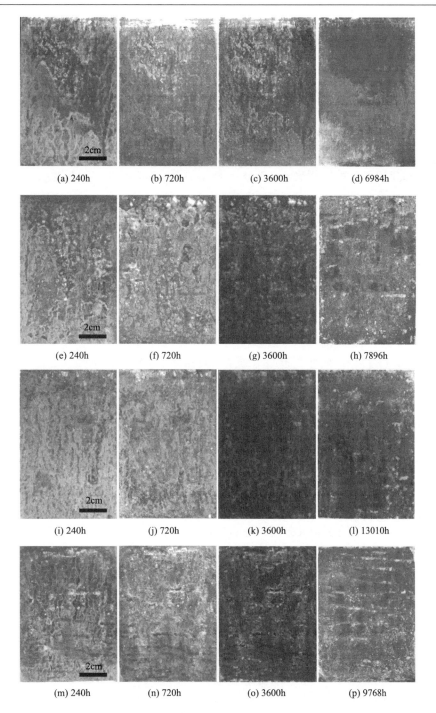

图 6.9　不同腐蚀阶段镀锌板表面的宏观照片

(a)～(d) Galvalume；(e)～(h) G-0.5Mg；(i)～(l) G-1.5Mg；(m)～(p) G-2.5Mg

图 6.9(i)～(l)为 G-1.5Mg 镀层表面在不同腐蚀阶段的宏观照片。从图 6.9(i)可以看出在腐蚀的初始阶段(第 240h)镀层开始了程度很低的局部腐蚀;随着腐蚀的进行(第 720h)镀层表面全部开始腐蚀,并产生少量白锈,如图 6.9(j)所示;在腐蚀的第三阶段[第 3600h,图 6.9(k)],镀层表面基本被均匀的、致密的、黏附性好的黑色腐蚀产物覆盖;致密性和黏附性好的腐蚀产物能同时降低阴极反应和阳极反应,并可以为镀层提供长期的防护,因此可以提高镀层的耐蚀性。第 13010h时,镀层约 25%的表面产生了红锈[图 6.9(l)],认定此时镀层失效。值得注意的是,与 Galvalume 镀层相比,G-1.5Mg 镀层的厚度虽然降低了 42.7%,但是使用寿命却提高了 86.3%。

图 6.9(m)～(p)为 G-2.5Mg 镀层表面在不同腐蚀阶段的宏观照片。从图 6.9(m)可以看出在腐蚀的初始阶段(第 240h)镀层开始了局部腐蚀,并开始产生白锈;随着腐蚀的进行,第 720h 时镀层表面全部开始腐蚀,镀层表面被大量白色腐蚀产物覆盖,如图 6.9(n)所示;在腐蚀的第三阶段(第 3600h),镀层被黑色和白色的腐蚀产物所覆盖,黑色腐蚀产物和白色腐蚀产物的面积比约为 1:1,如图 6.9(o)所示。与图 6.9(k)相比,可以发现 G-2.5Mg 腐蚀产物的致密性下降了很多。第 9768h时该镀层约 25%的表面产生了红锈[图 6.9(p)],认定此时镀层失效。与 G-1.5Mg镀层相比,G-2.5Mg 的使用寿命下降了 3242h,这主要是由于以下因素:①镀层耐蚀性降低,如本书 6.4.1 节和 6.4.2 节所示;②镀层腐蚀产物致密性降低。

综上所述,与 Galvalume 镀层相比,G-1.5Mg 镀层的厚度虽然下降了将近50%,但是其耐蚀性提高和腐蚀产物致密性(保护性)提高,因此其使用寿命却大幅提高了。由此可得,镀层腐蚀产物的特点是影响其耐蚀性的一个重要的因素。

2. RE 对 Zn-55Al-1.6Si-1.5Mg 镀层耐蚀性的影响

由于 G-1.5Mg 表现出优良的耐蚀性,采用全浸试验(腐蚀液为 5wt%的 NaCl溶液)进一步研究了 RE 对其使用寿命的影响,不同 RE 含量的 G-1.5Mg 镀层在 5wt%NaCl 溶液中的使用寿命如表 6.11 所示,观察后可以发现,随着 RE 含量的增加,G-1.5Mg-RE 镀层的使用寿命先增后减,其中 G-1.5Mg-0.15RE 镀层的使用寿命最长(14856h)。

表 6.11 不同 RE 含量的 G-1.5Mg 镀层在 5 wt% NaCl 溶液中的耐久性

镀层种类	耐久性/h	镀层种类	耐久性/h
G-1.5Mg	13010	G-1.5Mg-0.15RE	14856
G-1.5Mg-0.05RE	13488	G-1.5Mg-0.20RE	13584
G-1.5Mg-0.10RE	14208	G-1.5Mg-0.25RE	11232

在不同的腐蚀阶段用数码相机对镀锌板拍照（图 6.10），并通过对比腐蚀产物的实际形貌分析其对镀层耐蚀性的影响。

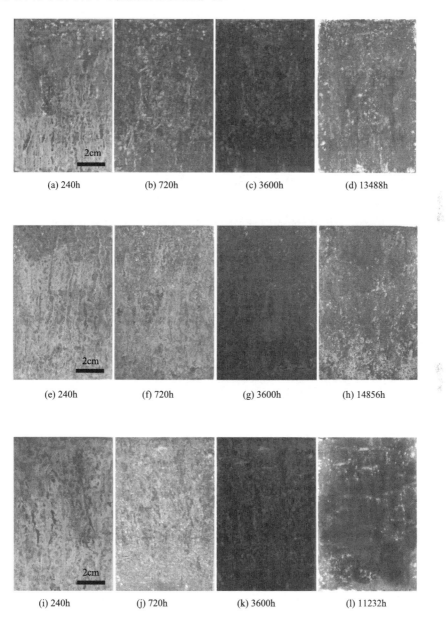

图 6.10　不同腐蚀阶段镀锌板表面的宏观照片

(a)～(d) G-1.5Mg-0.05RE；(e)～(h) G-1.5Mg-0.15RE；(i)～(l) G-1.5Mg-0.25RE

　　观察图 6.10 可以发现，第 240h 时 G-1.5Mg-RE 镀层均发生了局部腐蚀，如图 6.10(a)、(e) 和 (i) 所示。第 720h 镀层开始全面腐蚀，G-1.5Mg-0.05RE 镀层的腐蚀程度较严重，而 G-1.5Mg-0.15RE 镀层和 G-1.5Mg-0.25RE 镀层腐蚀程度较轻，如图 6.10(b)、(f) 和 (j) 所示。第 3600h，所有的镀层表面都生成了致密的黑色腐蚀产物，如图 6.10(c)、(g) 和 (k) 所示，该类型的腐蚀产物对镀层表现出良好的保护性。值得注意的是，对比图 6.9(k) 和图 6.10(c)、(g) 可以发现 RE 的加入又进一步提高了镀层腐蚀产物的致密性，只是提高的程度不是太明显。分别在第 13488h、第 14856h 和第 11232h，约 25% 的 G-1.5Mg-0.05RE、G-1.5Mg-0.15RE 和 G-1.5Mg-0.25RE 镀层表面生成了红锈，如图 6.10(d)、(h) 和 (l) 所示，此时镀层失效。

　　值得注意的是：与 G-1.5Mg 镀层相比，G-1.5Mg-0.15RE 镀层使用寿命并没有提高很多，这是因为加入 0.15wt% RE 虽然提高了镀层的耐蚀性，但是减薄了镀层厚度；G-1.5Mg-0.25RE 的使用寿命仅为 11232h，低于 G-1.5Mg 镀层，这是因为其耐蚀性比较低，而且其厚度低于 G-1.5Mg 镀层。此外，该镀层表面近乎均匀分布的点状红锈 [图 6.10(l)] 可能与腐蚀前镀层表面的稀土富集相 [图 6.6(f)] 有关。

6.8　Mg 和 RE 对 Galvalume 镀层成形性的影响

　　采用本书 4.7 节所述的方法和参数，采用拉深试验将镀锌钢板制备拉深杯，将拉深杯置于盐雾箱中进行中性盐雾试验(试验条件参照 GB/T 10125—2012)，当 25% 的拉深杯弯曲外表面出现红锈时(认定此时镀层对钢板失去保护作用，镀层失效)进行计时，以此评价合金元素 Mg 和 RE 对 Galvalume 成形性的影响。

　　为了更清楚地描述 Mg 和 RE 对 Galvalume 镀层成形性的影响，首先研究了 Mg 对 Galvalume 镀层成形性的影响，得出 Mg 适宜的添加量 X(对成形性而言)后进一步研究 RE 对 G-XMg-RE 镀锌板成形性的影响。为便于描述，将用 Galvalume 镀锌板制备的拉深杯称为 Galvalume 杯，用其他不同 Mg 和 RE 含量的镀锌板制备的拉深杯的命名以此类推。

　　由不同 Mg 含量的 Galvalume 镀锌板制备的拉深杯在中性盐雾中的抗腐蚀时间如表 6.12 所示，观察后可知 Galvalume 杯的抗腐蚀时间为 1248h，而且 Galvalume 镀锌板的成形性(即抗腐蚀时间)随着 Mg 加入量的增加先升高后降低，G-2.0Mg 杯的抗腐蚀时间最长(1824h)，由此得出 Mg 的加入可以显著提高 Galvalume 镀锌板的成形性。值得注意的是，G-2.5Mg 杯的抗腐蚀时间缩短了(与 G-2.0Mg 相比)，意味着其成形性降低了，但是仍然优于 Galvalume 杯。

表 6.12　不同的拉深杯在中性盐雾中的抗腐蚀时间

拉深杯种类	抗腐蚀时间/h	拉深杯种类	抗腐蚀时间/h
Galvalume	1248	G-1.5Mg-0.05RE	1728
G-0.5Mg	1344	G-1.5Mg-0.1RE	1824
G-1.0Mg	1536	G-1.5Mg-0.15RE	1968
G-1.5Mg	1632	G-1.5Mg-0.2RE	1752
G-2.0Mg	1824	G-1.5Mg-0.25RE	1416
G-2.5Mg	1584		

Mg 影响 Galvalume 镀锌板成形性（即抗腐蚀时间）原因的初步分析：

（1）Galvalume 杯抗腐蚀时间较短的原因：Galvalume 镀层的耐蚀性相对较低。

（2）G-1.5Mg 镀锌板成形性较高的原因：G-1.5Mg 镀层在 G-Mg 系列镀层中的耐蚀性最强。

（3）G-2.5Mg 镀锌板成形性比 G-1.5Mg 降低的原因：G-2.5Mg 镀层的耐蚀性低。

此外，镀锌板的抗腐蚀时间还与镀层表面形成的腐蚀产物的形貌有关。为便于对比，在不同腐蚀阶段用数码相机拍摄了拉深杯的俯视图（该方位为弯曲外表面的最佳观察位置）。图 6.11 为不同 Mg 含量（0、1.5wt%和 2.5wt%）的 Galvalume 杯在不同腐蚀阶段的宏观照片，观察后可以发现在腐蚀初期（200h），拉深杯的外表面包括弯曲外表面（Obs1）生成了一层白色的腐蚀产物，如图 6.11（a）、（d）和（g）所示；在腐蚀中期（700h），Galvalume 杯表面主要为白色的腐蚀产物［图 6.11（b）］，较疏松，且均匀性相对较差。相比而言，G-1.5Mg 杯表面主要为灰黑色的腐蚀产物［图 6.11（e）］，而且该类型的腐蚀产物具有致密、均匀性好的特点，由此可以得出 Mg 的加入提高了 Galvalume 镀层腐蚀产物的致密性和均匀性。资料表明：致密的腐蚀产物可以抑制腐蚀介质在其内部扩散，抑制阴极反应，这种类型的腐蚀产物能对镀层起到有效的隔离作用，减缓腐蚀。这也是 G-1.5Mg 杯在中性盐雾中抗腐蚀时间比较长的原因之一。值得注意的是与 G-1.5Mg 杯相比，腐蚀中期 G-2.5Mg 杯表面的腐蚀产物致密性有所降低［图 6.11（h）］，预示着腐蚀介质在其内部的扩散速度将得不到有效的抑制，这是 G-2.5Mg 杯在中性盐雾中抗腐蚀时间较短的原因之一。分别在第 1248h、第 1632h 和第 1584h 时 Galvalume、G-1.5Mg 和 G-2.5Mg 杯约 25%的弯曲外表面产生了红锈，如图 6.11（c）、（f）和（i）所示，认定此时镀层失效。

综上所示，G-2.0Mg 杯在中性盐雾中的抗腐蚀时间最长，即 G-2.0Mg 镀锌板的成形性最好。为兼顾镀层的耐蚀性，本书继续研究了 RE 对 G-1.5Mg 镀层成形性的影响。由不同 RE 含量的 G-1.5Mg-RE 镀锌板制备的拉深杯在中性盐雾中的抗腐蚀时间如表 6.12 所示。观察后可以发现，随着 RE 加入量的增加，G-1.5Mg-RE 拉深杯的抗腐蚀时间先增加后减少，G-1.5Mg-0.15RE 杯的抗腐蚀时间最长（1968h），说明 G-1.5Mg-0.15RE 镀锌板的成形性最好。但是，G-1.5Mg-0.25RE 杯的抗腐蚀时间少于 G-1.5Mg 杯，说明过量的 RE 不利于 G-1.5Mg-RE 镀锌板成形性的提高。

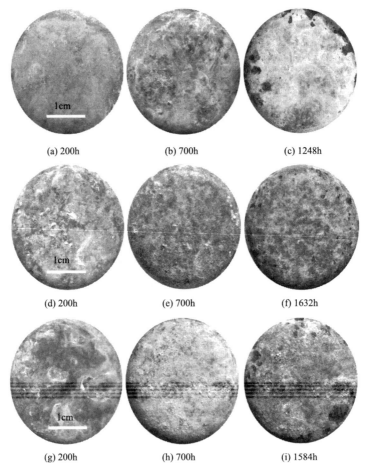

$$\text{(a) 200h} \qquad \text{(b) 700h} \qquad \text{(c) 1248h}$$

$$\text{(d) 200h} \qquad \text{(e) 700h} \qquad \text{(f) 1632h}$$

$$\text{(g) 200h} \qquad \text{(h) 700h} \qquad \text{(i) 1584h}$$

图 6.11　不同的拉深杯在不同腐蚀时期的宏观照片（俯视图，中性盐雾试验）

(a)～(c) Galvalume 杯；(d)～(f) G-1.5Mg 杯；(g)～(i) G-2.5Mg 杯

图 6.12 为 G-1.5Mg-0.15RE 和 G-1.5Mg-0.25RE 杯在不同腐蚀阶段的宏观照片，观察后可以发现在腐蚀初期（200h），拉深杯的外表面包括弯曲外表面生成了一层白色的腐蚀产物，如图 6.12(a) 和 (d) 所示。在腐蚀中期（700h），G-1.5Mg-0.15RE 和 G-1.5Mg-0.25RE 杯表面的腐蚀产物的致密性和均匀性都比较高[图 6.12(b) 和

(e)]，这是 G-1.5Mg-0.15RE 杯在中性盐雾中抗腐蚀时间最长的原因之一。分别在第 1968h 和第 1416h 时 G-1.5Mg-0.15RE 和 G-1.5Mg-0.25RE 杯约 25%的弯曲外表面产生了红锈[图 6.12(c)和(f)]，认定此时镀层失效。

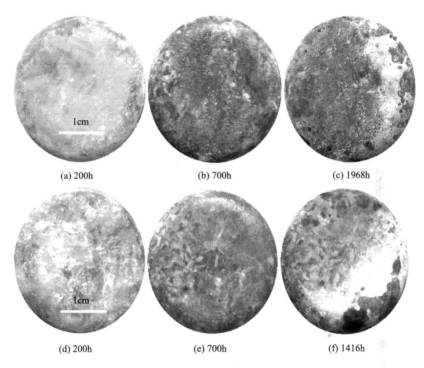

图 6.12　不同的拉深杯在不同腐蚀时期的宏观照片(俯视图，中性盐雾试验)
(a)~(c) G-1.5Mg-0.15RE 杯；(d)~(f) G-1.5Mg-0.25RE 杯

RE 对 G-1.5Mg 镀锌板的成形性产生影响的原因分析如下：

（1）G-1.5Mg-0.15RE 杯的抗腐蚀时间最长的原因：G-1.5Mg-0.15RE 的耐蚀性最强，腐蚀中期拉深杯表面的镀层生成了致密性好的腐蚀产物。

（2）与 G-1.5Mg 杯相比，G-1.5Mg-0.15RE 杯的抗腐蚀时间并没有增加太多的原因：G-1.5Mg-0.15RE 镀层的厚度比 G-1.5Mg 镀层的薄。

（3）G-1.5Mg-0.25RE 杯的抗腐蚀时间少于 G-1.5Mg 杯的原因：G-1.5Mg-0.25RE 镀层的厚度比 G-1.5Mg 镀层薄，而且 G-1.5Mg-0.25RE 镀层的耐蚀性不如 G-1.5Mg 镀层高。

6.9　Zn-55Al-1.6Si-Mg-RE 系列镀层腐蚀过程分析

镀层的腐蚀过程实际上是镀层中的合金元素与环境中的氧、水、离子或者其他腐蚀介质发生化学反应的过程，在这个过程中部分合金元素生成离子流失了，部分生成了不溶性的氧化物或者盐类沉积在镀层表面。镀层的腐蚀速度与腐蚀产物的物相组成和形貌有直接关系。此外，合金元素间电化学性质的差异将引起镀层表面不同相之间的选择性腐蚀，这将引起镀层腐蚀类型的不同。

　　采用 XRD 检测腐蚀产物的物相，通过 SEM 检测分析腐蚀产物形貌与腐蚀类型，并结合上述检测结果分析 Mg 和 RE 对 Galvalume 镀层耐蚀性产生影响的原因。

6.9.1　镀层腐蚀产物形貌分析

1. Mg 对 Galvalume 镀层腐蚀产物形貌的影响

　　图 6.13 为不同 Mg 含量的 Galvalume 镀层 168h 中性盐雾腐蚀后的表面腐蚀产物的 SEM 图。图 6.13 (a) 为 Galvalume 镀层腐蚀产物的微观形貌，观察后可知，

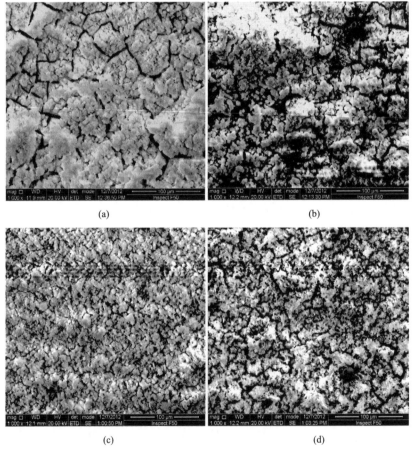

图 6.13　中性盐雾试验 168h 后镀层表面的 SEM 图

(a) Galvalume；(b) G-0.5Mg；(c) G-1.5Mg；(d) G-2.5Mg

镀层的腐蚀产物为双层结构(一个有裂纹的内层和一个不完整的外层),内层有宽度约为 4μm 的裂纹。分子、阴离子和金属离子在镀层腐蚀产物中的渗透性与镀层腐蚀产物的微观结构密切相关。毫无疑问,裂纹能降低腐蚀产物的保护性,它能让腐蚀介质顺利透过,进而提高镀层的腐蚀速度[25],这正是 Galvalume 镀层耐蚀性相对较低的原因之一。

与 Galvalume 镀层的腐蚀产物相比,G-0.5Mg 镀层腐蚀产物的形貌基本没有改变,表面仍然有大量的裂纹,如图 6.13(b)所示。随着 Mg 加入量增加至 1.5wt%,镀层的致密性明显提高,腐蚀产物内只存在有一些微裂纹,如图 6.13(c)所示。镀层腐蚀产物的致密性并没有随着 Mg 加入量的增加(2.5wt%)继续提高[图 6.13(d)],相反裂纹增多了。

致密性好、黏附性好和通透性差的腐蚀产物将有效地隔离腐蚀介质包括离子(Zn^{2+}、H^+、OH^- 和 Cl^- 等)、H_2O 和 O_2,抑制腐蚀介质在其中扩散,从而起到抑制腐蚀的作用。G-1.5Mg 镀层腐蚀产物良好的致密性而且基本没有裂纹是其耐蚀性比较高的一个重要原因。

2. RE 对 G-1.5Mg 镀层腐蚀产物形貌的影响

为分析 RE 对 G-1.5Mg 产生耐蚀性影响的原因,采用 SEM 检测研究 RE 对 G-1.5Mg 镀层腐蚀产物的影响,如图 6.14 所示。图 6.14(a)为 G-1.5Mg-0.15RE 镀层腐蚀产物的 SEM 图,对比图 6.13(c)可以发现 0.15wt% RE 的加入进一步提高了腐蚀产物的致密性(只是提高的幅度较小),而且微裂纹彻底消失,这是 G-1.5Mg-0.15RE 镀层具有最高耐蚀性的原因之一。而 RE 加入量进一步提高(至 0.25wt%)并没有进一步提高镀层腐蚀产物的致密性,相反,G-1.5Mg-0.25RE 镀层

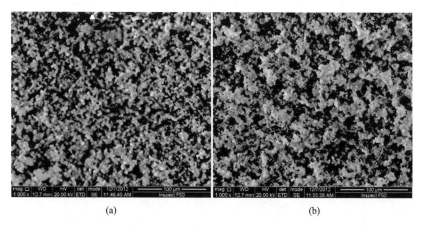

(a)　　　　　　　　　　　　　　(b)

图 6.14　不同 RE 含量的 G-1.5Mg 镀层中性盐雾试验 168h 后表面的 SEM 图

(a)G-1.5Mg-0.15RE; (b)G-1.5Mg-0.25RE

的腐蚀产物内有较多的微孔，而且均匀性也有所降低，如图 6.14(b) 所示，这是 G-1.5Mg-0.25RE 镀层不如 G-1.5Mg-0.15RE 耐蚀性高的原因之一。

6.9.2　镀层腐蚀产物物相分析

采用 XRD 检测中性盐雾试验(试验周期 168h) 镀层表面生成的腐蚀产物的物相，检测结果如图 6.15 和图 6.16 所示。

图 6.15 为不同 Mg 含量的 Galvalume 镀层腐蚀产物的 XRD 图，通过对比研究 Mg 对 Galvalume 镀层腐蚀产物物相组成的影响。从图中可以看出 Galvalume 和 G-0.5Mg 镀层的腐蚀产物由 $Al_2O_3 \cdot 3H_2O$、$Zn_6Al_2(OH)_{16}CO_3 \cdot 4H_2O$ 和 $Zn_5(OH)_8Cl_2 \cdot H_2O$[49]构成，值得注意的是，这两种镀层的腐蚀产物中 $Zn_5(OH)_8Cl_2 \cdot H_2O$ 的峰强度很弱，如图中箭头所示。G-1.5Mg 和 G-2.5Mg 镀层的腐蚀产物由 $Al_2O_3 \cdot 3H_2O$、$Zn_6Al_2(OH)_{16}CO_3 \cdot 4H_2O$、$MgCO_3$ 和 $Zn_5(OH)_8Cl_2 \cdot H_2O$ 构成，此外可以清楚地发现这两种镀层的腐蚀产物中 $Zn_5(OH)_8Cl_2 \cdot H_2O$ 的峰强度增强。接下来，将研究镀层腐蚀产物的形成和转化过程。

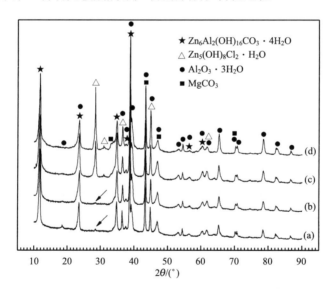

图 6.15　不同 Mg 含量的 Galvalume 镀层腐蚀产物的 XRD 图
(a) Galvalume；(b) G-0.5Mg；(c) G-1.5Mg；(d) G-2.5Mg

在 Zn-Al 镀层腐蚀过程中能在镀层表面生成一层致密的碱式碳酸铝锌 $[Zn_6Al_2(OH)_{16}CO_3 \cdot 4H_2O]$，该腐蚀产物是 Zn-Al 镀层耐蚀较高的原因。在铝合金的表面容易形成一层致密的、黏附性高的、不溶解的钝化膜($Al_2O_3 \cdot 3H_2O$)，该钝化膜能提高铝合金的耐蚀性[50]，因此 Galvalume 镀层中 55wt%的 Al 为

$Al_2O_3 \cdot 3H_2O$ 的产生创造了物质条件。

在 Zn-Al 合金镀层腐蚀过程中，$Zn_5(OH)_8Cl_2 \cdot H_2O$ 优先形成，随后又转化为 $Zn_5(OH)_6(CO_3)_2$，从而降低腐蚀产物的致密性，这正是 Galvalume 镀层外层的腐蚀产物有脱落现象的原因。Mg 可以提高 $Zn_5(OH)_8Cl_2 \cdot H_2O$ 的稳定性，因此 G-1.5Mg 和 G-2.5Mg 腐蚀产物中 $Zn_5(OH)_8Cl_2 \cdot H_2O$ 峰的强度增强了。$Zn_5(OH)_8Cl_2 \cdot H_2O$ 有致密性和黏附性好的特点，因此 G-1.5Mg 和 G-2.5Mg 镀层腐蚀产物的致密性提高了。此外，Yamamoto 等[51]报道了 Al 和 Mg 提高镀层耐蚀性的协同作用，他们认为 Al 和 Mg 的协同作用能使腐蚀产物更加不易溶解和更稳定，因此能提高镀层的耐蚀性。

图 6.16 为 G-1.5Mg-0.15RE 和 G-1.5Mg-0.25RE 镀层腐蚀产物的 XRD 图，从图中可以发现这两种镀层的腐蚀产物的物相一致，因此 RE 的加入没有改变 G-1.5Mg 镀层腐蚀产物的物相。文献表明：RE 是表面活性元素，有在镀层表面分布的趋向，并能在镀层表面形成一层致密均匀的氧化物层[52]，该氧化物层作为扩散抑制层可以抑制腐蚀介质和杂质离子向镀层内部扩散，因此，可以提高镀层的抗氧化性和耐蚀性[53]。

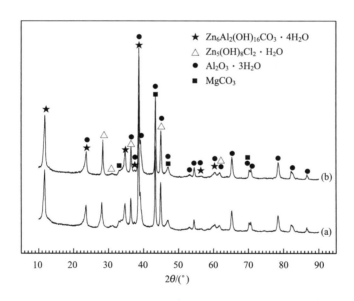

图 6.16　不同 RE 含量的 G-1.5Mg 镀层腐蚀产物的 XRD 图

(a)G-1.5Mg-0.15RE；(b)G-1.5Mg-0.25RE

6.9.3　镀层腐蚀类型分析

1. Mg 对 Galvalume 镀层腐蚀类型的影响

镀锌板的使用寿命与其耐蚀性、镀层的厚度和镀层的腐蚀类型有关。在腐蚀量相同的条件下，与孔蚀、晶间腐蚀相比，均匀腐蚀对镀层的破坏是最小的。此外，镀层的腐蚀速度与其腐蚀类型也密切相关。因此，研究镀层的腐蚀类型将有助于选取合适的防腐方法(合金化、增加镀层厚度等)。

将 168h 中性盐雾试验腐蚀后镀锌板表面的腐蚀产物用 10wt%过硫酸铵溶液洗去，并通过 SEM 检测镀层在中性盐雾试验的腐蚀类型，检测结果如图 6.17 所示。图 6.17(a)和(b)为腐蚀后的 Galvalume 镀层表面的 SEM 图，观察后可知 Galvalume 镀层的枝晶间区发生了严重的晶间腐蚀，枝晶间区出现了明显的腐蚀坑，而且有一定的深度。Galvalume 镀层表面基本分为两相(富铝相和富锌相)，由于两者存在电化学性质差异，富锌相的化学电位较低，而且富铝相易钝化，因此在腐蚀过程中富锌相加速被腐蚀，这就是产生腐蚀坑的原因，而富铝枝晶基本没有发生腐蚀。图 6.17(c)和(d)为腐蚀后 G-1.5Mg 镀层表面(清除腐蚀产物后)的 SEM 图，观察后可以清楚地发现腐蚀后该镀层基本还保持着平整的表面，只是在镀层的枝晶间区的部分区域存在裂纹，没有腐蚀坑，说明加入 1.5wt% Mg 强化了 Galvalume 镀层的枝晶间区，这可能与以下两个方面的因素有关：①在枝晶间区生成的含有 $MgZn_2$ 的富锌固溶体的腐蚀电位升高了；②G-1.5Mg 镀层表面致密均匀的腐蚀产物[图 6.13(c)]抑制了腐蚀过程中的离子迁移，降低了枝晶间区的腐蚀速度。G-1.5Mg 镀层抗晶间腐蚀能力的提高，是 G-1.5Mg 镀层耐蚀性提高的原因之一。图 6.17(e)和(f)为腐蚀后 G-2.5Mg 镀层表面(清除腐蚀产物后)的 SEM 图，从图中可以发现镀层的枝晶间区有较大的腐蚀坑，而且腐蚀坑的形貌与腐蚀前表面分布的 $MgZn_2$ 的形貌[图 6.1(d)]类似,这说明在腐蚀过程中 $MgZn_2$ 被优先腐蚀,

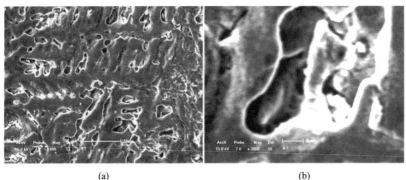

　　　　　　(a)　　　　　　　　　　　　　　　　　(b)

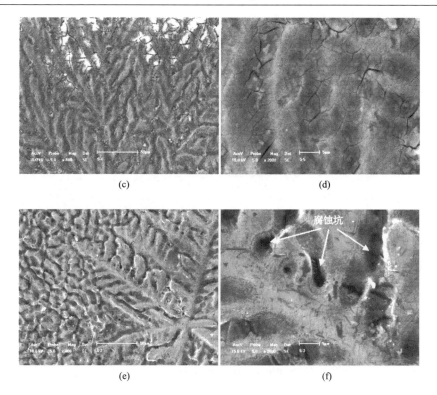

图 6.17　用 10wt%过硫酸铵溶液清除腐蚀产物后镀层表面的 SEM 图

(a) Galvalume；(b) 图(a)局部放大图；(c) G-1.5Mg；(d) 图(c)局部放大图；(e) G-2.5Mg；(f) 图(e)局部放大图

文献资料表明 MgZn$_2$ 本身并不耐腐蚀，这是 G-2.5Mg 镀层腐蚀产物致密性降低和耐蚀性下降的原因之一［图 6.13（d）］。

2. RE 对 G-1.5Mg 镀层腐蚀类型的影响

为分析 RE 影响 G-1.5Mg-RE 镀层耐蚀性的原因，采用 SEM 检测 168h 中性盐雾腐蚀后 G-1.5Mg-0.15RE 和 G-1.5Mg-0.25RE 的微观形貌，如图 6.18 所示。图 6.18（a）和（b）为腐蚀后 G-1.5Mg-0.15RE 镀层表面（已用 10wt%过硫酸铵溶液清除腐蚀产物）的 SEM 图，观察后可以发现，腐蚀后的镀层表现出良好的平整性，腐蚀程度很低。对比图 6.18（d）和图 6.17（d）可以发现 0.15wt% RE 的加入强化了晶界，值得注意的是晶界处不仅还很平整，而且裂纹也基本消失，基本可以认定该镀层在中性盐雾中的腐蚀类型是均匀腐蚀，这是 G-1.5Mg-0.15RE 镀层耐蚀性最强的原因之一。资料表明：锌液中的杂质元素 O 和 S 等易于在镀层的晶界富集，而它们的电负性较高，易于被优先腐蚀，因此，通常情况下 Zn-Al 镀层的腐蚀为晶间腐蚀[54]。RE 元素易与 O 和 S 反应，生成相应的硫化物和氧化物，在镀层凝固过程中,这些硫化物和氧化物将在晶界富集,起到细化晶粒和强化晶界的作用,因此提高了镀层的耐蚀性。

　　图6.18(c)和(d)为168h中性盐雾腐蚀后G-1.5Mg-0.25RE镀层表面(已用10wt%过硫酸铵溶液清除腐蚀产物)的SEM图,观察后可知镀层在腐蚀过程中晶界发生了较明显的腐蚀,晶界处出现了裂纹,说明RE提高镀层耐蚀性和强化晶界的能力下降了,这也是G-1.5Mg-0.25RE镀层与G-1.5Mg镀层相比耐蚀性下降的原因之一。如本书6.5节所述,随着RE加入量增至0.25wt%,在G-1.5Mg-0.25RE镀层表面生成了稀土富集相,因此RE细化晶粒的能力减弱了,而且强化镀层晶界的能力也下降了。

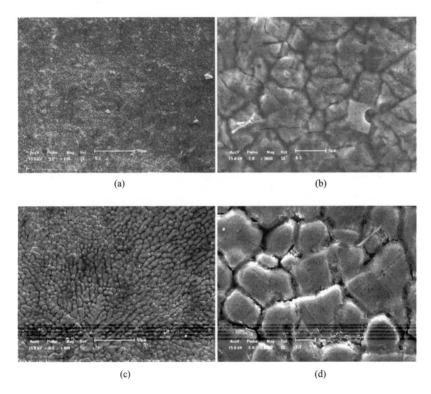

(a)　　　　　　　　　　　　　　(b)

(c)　　　　　　　　　　　　　　(d)

图6.18　用10wt%过硫酸铵溶液清除腐蚀产物后镀层表面的SEM图

(a)G-1.5Mg-0.15RE;　(b)图(a)局部放大图;　(c)G-1.5Mg-0.25RE;　(d)图(c)局部放大图

第7章　添加废铝对 Zn-5Al-0.1RE 镀层影响的研究

7.1　国内外废铝再生产业的现状及主要优势

7.1.1　国内外废铝再生产业的现状

2010 年我国电解铝产量约为 1600 万吨，为全球第一，我国同时是铝材消耗大国，产生大量的工业废铝和生活废铝。废铝从来源上可分为新铝废料(生产性废铝)及旧铝废料(生活性废铝)。

新铝废料是指铝材在加工过程中所产生的工艺废料及不合格废品。旧铝废料是指经社会消费后的报废铝料，如铝门窗、汽车铝铸件、易拉罐等，也包括新铝废料流入社会进行回收利用的废铝。

(1)回收比例：日本、意大利、美国、德国等国再生铝占原生铝的比例已接近或超过 1∶1。2007 年，我国再生铝产量达到 275 万吨，只占原生铝产量的 21.9%，远远低于发达国家平均水平，如果该比例提高到 50%，减少的能量消耗折合成标准煤约为 3000 万吨。

(2)回收途径：以易拉罐回收为例，美国、瑞典、丹麦等国均实行收取押金制度，这一制度的实行，大大提高了易拉罐的回收效率(回收率达到 90% 以上)。我国的废铝回收是自发的，没有形成科学的回收体系，造成市场分散，回收渠道不稳定，资源富集程度较低，进而影响了对废铝利用。

(3)产品质量：发达国家基本做到用废铝生产原牌号的再生铝，甚至是比原牌号性能更优异的再生铝。例如，全球约 80% 再生铝合金用于汽车制造用的铸件和锻件，美国目前使用的易拉罐(牌号：3004)有 2/3 是用废旧易拉罐熔炼生产的。而我国很少采用废铝生产原牌号铝合金的技术，废易拉罐(包括进口的废易拉罐)都降低档次使用，至今没有废易拉罐保级再生技术。

(4)装备水平：国外大多使用先进的双室反射炉来熔炼废铝，可以提高熔炼效率，提高废铝的回收率，并且有能耗低的优点；相比而言我国大部分的再生铝生产企业的装备比较落后。

(5)企业规模：国外再生铝生产企业已具有规模优势，如美国诺威利斯公司在 2006 年回收了 381 亿个废旧铝饮料罐，占加拿大和美国废旧铝罐数量的 60%，相当于约 50 万吨金属铝，是全球最大的废铝罐回收再生企业。我国大部分废铝再生企业多、规模小，还有许多家庭作坊式的企业，技术水平低、环境污染严重。但是我国也建成了年产 30 万吨再生铝的上海新格有色金属公司和年产 22 万吨汽车用再生铝合金的大正铝业公司等大型企业。

(6)政策法规：近年来，许多原铝消费量大的发达国家都已经构建起比较完善的铝产品使用、报废、回收、分级处理和再生利用的行业准则、行业标准和行业规范。相比而言，我国的相关行业准则、标准相对滞后。

常见的废铝有变形铝合金和铸造铝合金两类。废铝中的合金元素有硅、镁、锰、锌和铜等，各种合金元素含量不一，相互间不相容，这给废铝再生行业带来了技术难题。本课题组研究的目标在于使用废铝材料，制备钢板热浸镀锌行业所需的 Zn-Al-RE 合金，同时将废铝中的合金元素硅、镁、锰、锌和铜得以合理的利用，减少钢板镀锌行业对原铝、工业硅和工业镁的消耗，降低企业的生产成本，提高经济效益。同时降低减少工业铝、工业硅和工业镁的消耗，降低环境压力。

7.1.2　再生铝产业的主要优势

(1)节约能源：据有关资料，不计铝土矿开采的能耗，每产 1t 铝锭总能耗为约 8000kg 标准煤，而废铝回收再生的能耗仅为氧化铝冶炼-铝电解-铸造全过程所需总能耗的 5%。

(2)节省资源：每生产 1t 再生铝可节省 5t 铝土矿、1.2t 石灰石、10t 水等自然资源。

(3)减少污染物排放：与"火力发电"生产原铝相比，再利用 1t 废铝可减排 97%的 CO_2，有害气体氟的排放量为零，减排赤泥约 2.5t。

7.1.3　废铝作为热浸镀层的可行性及优势

废旧铝中大多为铝合金，主要有 8 个系列，其中 4 系列为铝硅系、5 系列为铝镁系、6 系列为铝镁硅系，是合金成分较高的系列，有较高的回收价值。但目前，国内许多再生企业没有考虑回收废铝的合金成分，而是将所有的废铝全部放入熔炉，这样不仅会破坏合金成分，也降低了再生铝的品位，浪费了资源。

以易拉罐为例，易拉罐是一种常用的消耗品，用过即废，循环周期很短。而易拉罐所用材料是一种档次较高的铝合金，其中包含了很多有价合金元素，回收价值高，经过回收利用后，可再制成易拉罐，多次重复循环使用。同时，回收利用易拉罐可以节约大量电力，用废铝生产铝材所耗的电仅相当于从矿石中提炼铝耗电量的 5%，回收利用一个易拉罐节约的电能够供 20 英寸电视用 3h。因此，很多国家特别是发达国家，对废旧铝易拉罐的回收和利用都很重视，回收再利用率也不断提高。

而我国易拉罐再生利用在资源配置上存在问题，到目前为止，我国还没有利用废易拉罐生产原牌号铝合金的企业。多数废铝易拉罐被作为添加料用于其他领域的生产，或作为非标铝锭使用，真正被还原生产的并不多。这是由于我国目前废铝易拉罐的回收、储运、分选、预处理以及熔炼加工过程还处于粗放式生产阶段，使易拉罐这个高价值的废铝资源被降级使用，特别是小企业普遍采用混炼的生产方式，从而造成了资源效用的浪费。

目前，国外废易拉罐的利用途径主要是：①生产炼钢脱氧剂；②生产再生铝锭；③生产一种近似纯铝锭的产品，作合金配料的原料；④熔炼成原牌号（3004）的铝合金，直接用于生产易拉罐。其中，利用废易拉罐生产原牌号的铝合金是最佳途径。美国目前使用的易拉罐有 2/3 是用废旧易拉罐熔炼生产的。

据估算，我国废铝罐的回收率为 85% 左右，是世界上废旧易拉罐回收率较高的国家，每年至少回收 16 万吨废罐，还有少量的进口，总量在 20 万吨左右。我国也是世界上利用档次较低的国家。尽管大部分易拉罐可以得到回收利用，但这种自发的状况不能形成科学的回收体系，市场分散，回收渠道不稳定，直接影响废铝罐的利用。我国的废旧物资税收优惠政策也需要调整，否则将影响废铝罐的合理利用。

再利用最难的是漆层处理,用废旧易拉罐生产 3004 铝合金的主要技术问题是预处理。目前，上海新格在这方面进行了探索，正在兴建国际最先进的易拉罐及铝屑利用系统。这套系统是利用废铝预处理的"破碎设备"，先对废易拉罐进行破碎，然后从熔炼炉中接入温度在 400～550℃ 的废气，将破碎后的易拉罐进行高温处理，从而不需要新能源，便可彻底去除易拉罐表面的涂层。同时，上海新格又按国际标准设计了二次燃烧器，使高温后仍不完全燃烧的材料再次充分燃烧，当温度达到 1200℃ 时可将二噁英破坏，从而消除二噁英对环境的污染。相信随着这套系统投入使用，中国废易拉罐的再生利用将前进一大步。

我国易拉罐的再利用主体是分散的小熔炼作坊，没有专门的预处理设备，不脱漆，采用小坩埚炉熔炼，设备简陋，技术落后，工作环境差，但铝回收率并不低。小坩埚炉也有其合理性，通常熔炼回收率可以达到 85%～90%，与发达国家相差不大，只是在规模化应用上明显存在不足。

发达国家为了提高废铝易拉罐的回收率，进行了多种尝试。首先是回收易拉罐实行收取押金制度，美国、瑞典、丹麦、挪威、荷兰、加拿大、澳大利亚、日本、俄罗斯等国均实行这一制度。这一制度的实行，大大提高了易拉罐的回收效率。美国俄勒冈州实行押金制度后，饮料罐的回收率超过了 90%，远远高于美国平均回收率。瑞典由于政府强令对所有包装容器收取押金，很短的时间内使回收利用率达到 85%。

同时，这些国家还高度重视环保、回收和再利用的宣传工作，目前在巴西大中小学校中都开展了保护环境的课程，有 40 万学生利用课余时间收集废易拉罐。一些社会福利团体还与一些学校联合组织环保活动，学校用收集来的易拉罐可以换取计算机、教学设备或者食品等。瑞典也通过与所有有关的社会团体和机构建立合作关系,经常举办大型宣传活动,制作系列电影和电视宣传片及广告等活动,提高人们的环保意识。而中国目前对易拉罐的回收没有专门的法规,仅按普通的废旧物资对待。

可见,废铝如果能够被集约型地、有区别地回收利用于热浸镀行业将会产生更可观的经济、社会效益,资源也将得到更有效的利用。

7.2　废铝对 Zn-5Al-0.1RE 镀层性能的影响

采用中性盐雾试验、电化学测试综合评价废铝对 Zn-5Al-0.1RE 镀层耐腐蚀性能的影响。

7.2.1　中性盐雾试验

本研究首先采用中性盐雾试验和失重法研究废铝对 Zn-5Al-0.1RE 镀层耐蚀性的影响。废铝分别占镀层成分中铝含量的 0%、30%、60%、90%(质量分数)的 Zn-5Al-0.1RE 系热浸镀层腐蚀前后对比如图 7.1 所示。

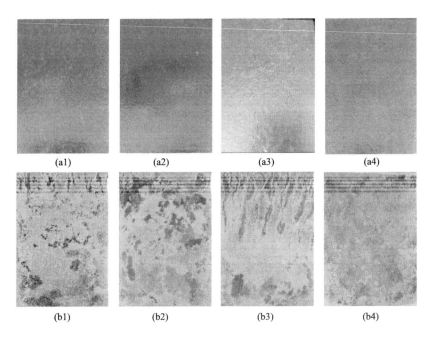

图 7.1　盐雾试验前后镀层表面形貌对比

(a1)废铝 0%;　(a2)废铝 30%;　(a3)废铝 60%;　(a4)废铝 90%;　(b1)图(a1)局部放大图;　(b2)图(a2)局部放大图;
(b3)图(a3)局部放大图;　(b4)图(a4)局部放大图

　　首先从腐蚀前的图片可以看出不同含量的废铝的 Zn-5Al-0.1RE 系热浸镀层表面都光滑平整，无出现漏镀情况。盐雾试验试验周期为 72h，盐雾试验后从图片可以看出废铝含量不同的 Zn-5Al-0.1RE 镀层出现了不同程度的腐蚀，腐蚀后表面黑色面积越大表示腐蚀越严重，通过对比可以发现 Zn-5Al(90%)-0.1RE 镀层较其他镀层耐腐蚀。

　　通过称量腐蚀前后镀层质量测出了不同废铝含量的镀层的腐蚀速度。Zn-5Al-0.1RE 系镀层的耐蚀性(在盐雾试验中的腐蚀速度)如表 7.1 所示，为更直观地观察废铝对 Zn-5Al-0.1RE 镀层耐蚀性的影响，依据表 7.1 的相关数据绘制了相应的折线图，如图 7.2 所示。

表 7.1　不同废铝添加量的 Zn-5Al-0.1RE 镀层的腐蚀速度

镀层编号	废铝含量/%	腐蚀面积/mm²	失重量/g	腐蚀时间/h	腐蚀速度/[g/(m²·h)]
A	0	5262	0.00568	72	0.0150
B	30	5124	0.00539	72	0.0146
C	60	5640	0.00524	72	0.0129
D	90	5490	0.00443	72	0.0112

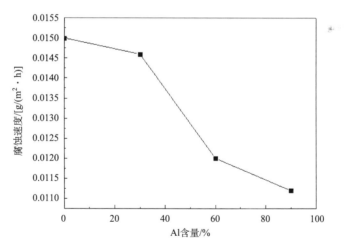

图 7.2　不同废铝添加量的 Zn-5Al-0.1RE 镀层的腐蚀速度

　　从图 7.2 可以清楚地发现，废铝可以提高 Zn-5Al-0.1RE 镀层的耐蚀性，随着废铝所占比例的增加，Zn-5Al-0.1RE 镀层的耐蚀性逐步增强。如表 5.1 所示，Zn-5Al-0.1RE 镀层中废铝所占比例为 0%和 90%时在盐雾中的腐蚀速度分别为 0.0150g/(m²·h)和 0.0112g/(m²·h)，因此与 Zn-5Al-0.1RE 镀层相比，废铝加入量为 90%时 Zn-5Al-0.1RE 镀层腐蚀速度下降了 25.3%。

7.2.2　电化学测试

本研究采用动电位极化法测试废铝的加入对 Zn-5Al-0.1RE 镀层耐蚀性的影响。测试前，先将样品置于浓度为 3.5wt%的 NaCl 溶液中浸泡 30min，以获得稳定的开路电位。用三电极体系进行检测，饱和甘汞电极作参比电极，铂电极作对电极，镀锌钢板作工作电极。对镀锌板进行极化测试后，在阴极和阳极塔菲尔电位区用外推法确定镀锌板的腐蚀电流和腐蚀电位。图 7.3 为废铝含量不同的 Zn-5Al-0.1RE 镀层的极化曲线，根据极化曲线推算的相关数据如表 7.2 所示。

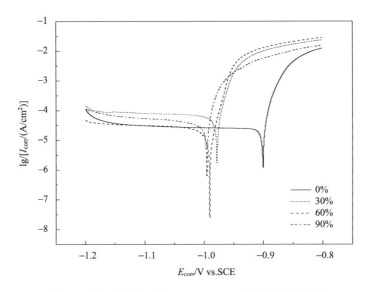

图 7.3　废铝含量不同的 Zn-5Al-0.1RE 镀层的极化曲线

表 7.2　极化曲线处理数据

镀层种类	$I_{corr}/(A/cm^2)$	自腐蚀电位/mV vs.SCE
Zn-5Al(0%)-0.1RE	6.915×10^{-5}	−0.902
Zn-5Al(30%)-0.1RE	8.163×10^{-5}	−0.979
Zn-5Al(60%)-0.1RE	6.231×10^{-5}	−0.991
Zn-5Al(90%)-0.1RE	2.319×10^{-5}	−0.996

观察图 7.3 可知，废铝含量不同的 Zn-5Al-0.1RE 镀层的极化曲线的形状大致相同。如表 7.2 所示，镀层的腐蚀电位大致相同，基本在–0.9～–1.0V vs.SCE，远低于铁的腐蚀电位，因此所有的镀层都可以为钢板提供牺牲阳极防护。但是不同

的镀层在腐蚀电流方面表现出较大的差异。文献资料表明，不同的腐蚀电流预示着不同的腐蚀速度，Zn-5Al-0.1RE 和 Zn-5Al(90%)-0.1RE 的腐蚀电流(I_{corr})分别为 $69.15\mu A/cm^2$ 和 $23.19\mu A/cm^2$，因此废铝的加入可以提高 Zn-5Al-0.1RE 镀层的耐蚀性。

7.2.3　镀层的成形性检测

本节用废铝含量不同的 Zn-5Al-0.1RE 镀锌板通过拉深试验制备不同的拉深杯，然后用线切割的方法，在镀层的弯曲外表面处取样，机械抛光后用金相显微镜检测初步研究废铝对镀层成形性的影响，观察镀层是否产生裂纹。

如图 7.4 所示，Zn-5Al-0.1RE 镀层有两层结构，内层为 Zn-Fe-Al 层，观察图7.4(a)可以很明显地发现内层有裂纹产生，当加入 90%废铝之后发现Zn-5Al(90%)-0.1RE 镀层只有轻微裂纹，几乎看不到，说明加入废铝增强了镀层的成形性，使镀层弯曲时不产生裂纹，提高了镀层的可加工性。

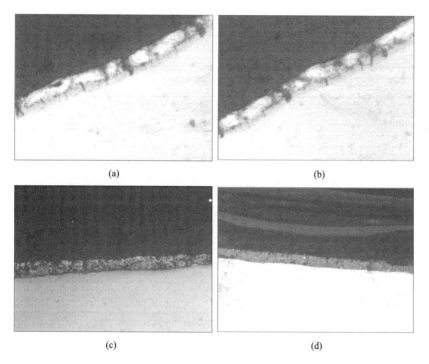

(a)　　　　　　　　　　　　　(b)

(c)　　　　　　　　　　　　　(d)

图 7.4　废铝含量不同的 Zn-5Al-0.1RE 镀层拉深金相显微图

(a) Zn-5Al-0.1RE；(b) Zn-5Al(30%)-0.1RE；(c) Zn-5Al(60%)-0.1RE；(d) Zn-5Al(90%)-0.1RE

7.3 废铝对 Zn-5Al-0.1RE 镀层微观结构的影响

7.3.1 废铝对 Zn-5Al-0.1RE 镀层表面微观结构的影响

本节通过 SEM 和 XRD 等检测手段研究了废铝对 Zn-5Al-0.1RE 镀层表面微观结构的影响。图 7.5 为废铝含量不同的 Zn-5Al-0.1REi 镀层的表面微观组织的 SEM 图，为了使不同含量废铝的 Zn-5Al-0.1RE 镀层表面微观结构之间有个横向对比，现将它们放在一起并编号。

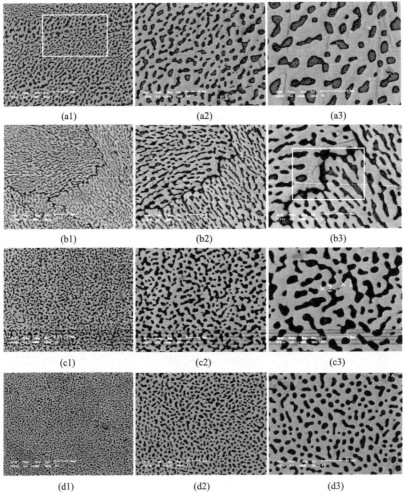

图 7.5 废铝含量不同的 Zn-5Al-0.1RE 镀层表面微观结构图

(a1, a2, a3)Zn-5Al-0.1RE；(b1, b2, b3)Zn-5Al(30%)-0.1RE；(c1, c2, c3)Zn-5Al(60%)-0.1RE；(d1, d2, d3)Zn-5Al(90%)-0.1RE

通过观察图 7.6 后可得，Zn-5Al-0.1RE 镀层为锌铝共晶组织，为 α_{Al} 与 β_{Zn} 的片状机械混合物。通过打点得出白色为 Zn 相，暗灰色为 Zn-Al 共晶组织相，组织不太均匀，可以从图 (a1) 框出部分可看出局部出现比较粗大的片状组织。由于两相的相组成成分不同，因此两相的电极电位不同，存在电位差，当其存在于腐蚀环境中时，电极电位比较低的一相会加速腐蚀，电极电位比较高的一相，会受到保护而不发生腐蚀，即发生不均匀腐蚀。并且两相的区域都比较大，不利于镀层表面发生均匀腐蚀。这就是 Galfan 镀层耐腐蚀性并不是很高的原因。当加入 30% 的废铝之后，可以从图 7.5(b1)、(b2)、(b3) 可以看出，共晶组织由原来不均匀的 α_{Al} 与 β_{Zn} 的片状机械混合物变为成分比较均匀的细条状 α_{Al} 与 β_{Zn} 共晶组织，比较明显的是出现了晶界，值得注意的是镀层的晶界紊乱，而且组织不均匀。图 7.5(c1)、(c2)、(c3) 为加入 60% 的废铝之后镀层形貌，观察后发现其为 α_{Al} 与 β_{Zn} 的片状机械混合物，晶界消失，组织均匀，但是比较粗大。当加入 90% 废铝后发现 α_{Al} 与 β_{Zn} 的组织比前几种都细小均匀，也没有出现晶界。

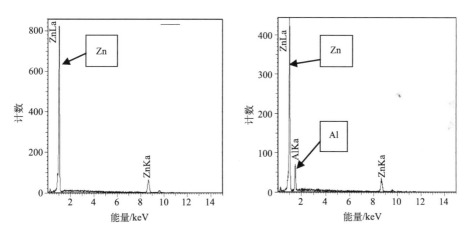

图 7.6　废铝含量不同的 Zn-5Al-0.1RE 镀层表面 EDS 图

7.3.2　废铝对 Zn-5Al-0.1RE 镀层物相组成的影响

本节采用 XRD 检测镀层的物相组成，检测结果如图 7.7 所示。

由 XRD 图看出四种镀层表面成分均为 Zn，没有检测到 Al，Al 元素主要分布在 Al-Fe 合金层中，而在 Zn-Al 共晶组织中分布却很少，这是由于 Al/Fe 反应速率比 Zn/Fe 反应速率大得多[44]，因此，Al 向 Fe 浓度高的内层扩散。

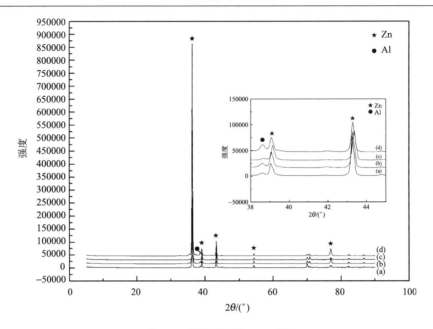

图 7.7　镀层表面的 XRD 图

废易拉罐由三个牌号的铝合金构成：3004，5182 和 5042，三种均含有 Si，Si 抑制 Al-Fe 反应，所以添加废铝多的
镀层表面可以检测出 Al。(a) Zn-5Al-0.1RE；(b) Zn-5Al (30%)-0.1RE；(c) Zn-5Al (60%)-0.1RE；
(d) Zn-5Al (90%)-0.1RE

7.4　添加废铝前后 Zn-5Al-0.1RE 镀层的腐蚀机理分析

7.4.1　Zn-5Al-0.1RE 系列镀层腐蚀产物物相分析

　　本节采用 XRD 衍射仪检测中性盐雾试验(样品的腐蚀周期为 72h)中镀层表面
生成腐蚀产物的物相。选取 Zn-5Al-0.1RE 镀层、Zn-5Al (30%)-0.1RE、
Zn-5Al (60%)-0.1RE 与 Zn-5Al (90%)-0.1RE 镀层的腐蚀产物作为研究对象进行
XRD 检测，研究废铝能否对镀层腐蚀产物的物相组成产生影响，所得的 XRD 图
如图 7.8 所示。

　　观察图 7.8 可得 Zn-5Al-0.1RE 镀层、Zn-5Al (30%)-0.1RE、Zn-5Al (60%)-0.1RE
与 Zn-5Al (90%)-0.1RE 镀层在中性盐雾试验中的腐蚀产物的相组成相同，均包含
Zn 和少量 $Zn_5(OH)_8Cl_2 \cdot H_2O$，即加入废铝之后镀层耐蚀性的改变不是腐蚀产物
种类的改变引起的。

7.4.2　Zn-5Al-0.1RE 系列镀层腐蚀产物形貌分析

　　本节通过 SEM 检测 72h 中性盐雾试验腐蚀后的镀锌板的表面形貌(即腐蚀产

物的形貌），对比 Zn-5Al-0.1RE 镀层腐蚀产物的 SEM 图分析添加废铝对 Zn-5Al-0.1RE 镀层腐蚀产物的影响，以及镀层耐蚀性与腐蚀产物微观形貌之间的关系。

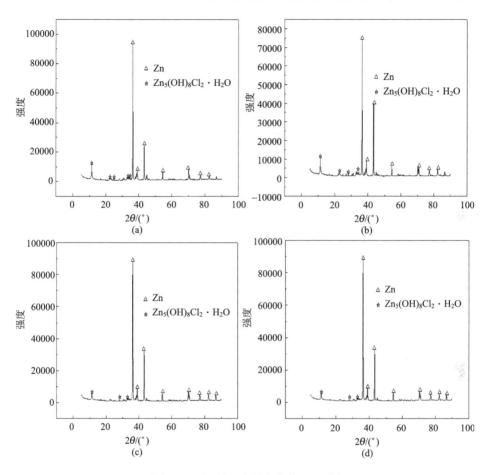

图 7.8　不同镀层腐蚀产物的 XRD 图

(a) Zn-5Al-0.1RE；(b) Zn-5Al (30%) -0.1RE；(c) Zn-5Al (60%) -0.1RE；(d) Zn-5Al (90%) -0.1RE

观察图 7.9 (a) 可得，Zn-5Al-0.1RE 镀层的腐蚀产物为双层结构，内层为致密的、无定形的黑色腐蚀产物，外层为灰色晶体腐蚀产物，很显然灰色的腐蚀产物较黑色的腐蚀产物致密性差、易脱落。用 EDS 检测了这两种腐蚀产物的元素组成，如图 7.9 (e) 和 (f) 所示，这两种腐蚀产物均由 Zn、Cl 和 O 构成，根据 XRD 分析得出该物质为 $Zn_5(OH)_8Cl_2 \cdot H_2O$，但是不同的是加入 90%的废铝后的镀层腐蚀产物中有 Al_2O_3，Al_2O_3 有钝化作用，能起到保护作用，这也是加入废铝后耐蚀性提高的原因。

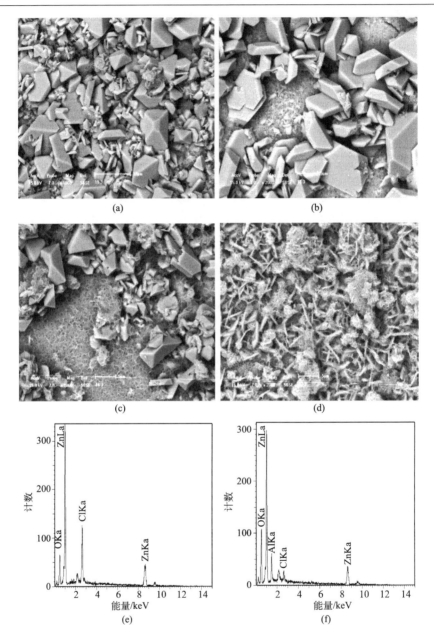

图 7.9　废铝含量不同的 Zn-5Al-0.1RE 系列镀层腐蚀产物形貌分析 (a～d) 和 EDS 图 (e，f)

(a) Zn-5Al-0.1RE；(b) Zn-5Al (30%) -0.1RE；(c) Zn-5Al (60%) -0.1RE；(d) Zn-5Al (90%) -0.1RE

7.4.3　Zn-5Al-0.1RE 系列镀层腐蚀类型分析

镀锌板的使用寿命与其耐蚀性、镀层的厚度和镀层的腐蚀类型有关。在腐蚀量相同的条件下，与孔蚀、晶间腐蚀相比，均匀腐蚀对镀层的破坏是最小的。因此，研究镀层的腐蚀类型将有助于选取合适的防腐方法(合金化、增加镀层厚度等)。

对比发现镀层都有晶间腐蚀发生，相比而言，加入 90%废铝的 Zn-5Al-0.1RE 镀层的腐蚀程度就轻得多，而且比较均匀，腐蚀后的镀层表面仍然很平整，如图 7.10(d)所示。废铝的加入使得 Zn-5Al-0.1RE 镀层表面显示出良好的组织均匀性，30%废铝的 Zn-5Al-0.1RE 镀层由 Zn-Al 共晶组织构成。文献资料表明，Zn-Al 合金镀层有高的耐蚀性是因为镀层中锌的保护性和铝的钝化作用，其耐蚀性的高低主要取决于 Al 含量，通常情况下，Al 含量越高，Zn-Al 合金镀层的耐蚀性越高。该镀层有良好的组织均匀性，特别是 Al 均匀地分布在镀层中，这将有利于其产生钝化作用，这是镀层腐蚀程度最轻的原因，因此，Zn-5Al-0.1RE 镀层在中性盐雾试验中的腐蚀类型为均匀腐蚀，这是该镀层耐蚀性最高的原因之一。

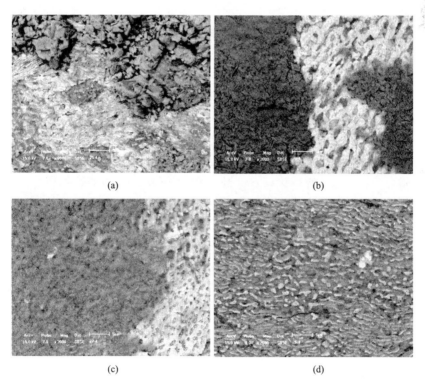

(a)　　　　　　　　　　　(b)

(c)　　　　　　　　　　　(d)

图 7.10　清除腐蚀产物后镀层表面的 SEM 图

(a) Zn-5Al-0.1RE；(b) Zn-5Al(30%)-0.1RE；(c) Zn-5Al(60%)-0.1RE；(d) Zn-5Al(90%)-0.1RE

第8章 对热浸镀锌钢板无铬钝化技术的研究

8.1 无铬钝化技术的进展

目前，国内外主要钢铁生产商生产的钢板需加工成涂镀层钢板，其中主要是热浸镀锌钢板，该镀锌钢板因具有耐蚀性好、价格便宜、生产工艺简单而广泛应用于家电、容器、建材、交通、能源等领域。但是热浸镀锌钢板在潮湿的环境中极易发生腐蚀，表面形成白色或灰暗色的腐蚀产物，影响了热浸镀锌钢板的外观质量和耐蚀性，也严重影响了钢板的使用寿命和美观，所以对热浸镀锌钢板进行表面处理必不可少。现在市场上主要采用的是铬酸盐钝化，经铬酸盐钝化后，可在金属表面形成铬/基体金属混合氧化物膜层，膜层中铬分别以三价和六价形式存在，其中三价铬的氧化物作为骨架，且三价铬具有较高的稳定性，可以使钝化膜层具有一定的厚度，所以钝化膜层具有良好的机械强度；六价铬具有自修复作用，故其耐蚀性较好。

铬酸盐中六价铬毒性高且易致癌，会对生物和人体产生致命的威胁。同时欧盟颁布 ROHS 和《关于报废电子电气设备指令》，明确规定投放欧盟市场的电子电气产品不得含有汞、镉、铅、六价铬、PBB、PBED 六种有害物质[55]。随着人们环保意识的增强，含六价铬废料的排放受到严格的限制，部分发达国家的企业陆续开发低毒性的无铬钝化工艺，希望能替代铬酸盐钝化[56]。现在社会，国际国内市场竞争都十分激烈，我国每年出口产品中大部分都会涉及 ROHS 指令，因此开发具有自己知识产权的无铬钝化技术迫在眉睫。随着我国社会经济的发展，人们的环保意识越来越强烈，所以，研发环保型、高性能、工艺简单、成本低的无铬钝化技术及其产品不仅有利于保护环境、节约资源、满足工业要求，更是当今研究金属表面处理技术的重大课题。

近年来，国内外的许多学者对于无铬钝化技术的研究主要有以下几个方面：①无机盐类的无铬钝化技术，主要包括钼酸盐钝化、钛酸盐钝化以及其他一些稀土盐钝化等；②有机物类的无铬钝化技术，主要有有机酸钝化，如植酸、单宁酸等、有机硅烷钝化以及有机树脂钝化；③有机/无机复合无铬钝化，主要有机物与硅烷偶联剂的复合钝化，无机物与有机树脂的无铬钝化，无机物与有机酸的复合钝化，并且有机/无机复合无铬钝化已经成为镀锌板无铬钝化工艺研究的主要方面。

8.1.1　无机盐钝化技术

1. 铬酸盐钝化

三价铬钝化研究进展主要有三方面[57]:

(1) 从钝化液成分来看,为了保证钝化膜质量和钝化液的稳定性,采用的配位剂从早期的氟化物到有机羧酸、有机磷酸或酯,氧化剂从过氧化物到硝酸及其盐,成膜主盐为三价铬盐,以提高膜的耐蚀性等。

(2) 从工艺方面来看,将钝化工序与封闭工序合二为一,采用无机和(或)有机硅化合物填充膜的微孔和缺陷,提高膜层的耐蚀性。

(3) 将钝化工艺与磷化技术、钝化工艺与纳米技术结合,形成致密、网状、疏水结构膜,或者具有特殊功能的纳米级膜层,提高膜层的耐蚀性。

三价铬盐成膜的机理为:锌的溶解、钝化膜的形成及钝化膜的溶解 3 个过程[58]:

(1) 溶锌过程: $Zn+Ox$ (氧化剂) $\longrightarrow Zn^{2+}+Ox^{2-}$

$$Zn+2H^+ \longrightarrow Zn^{2+}+H_2\uparrow$$

(2) 成膜过程: $Zn^{2+}+xCr(III)+yH_2O \longrightarrow ZnCr_xO_y+2yH^+$

(3) 溶膜过程: $ZnCr_xO_y+2yH^+ \longrightarrow Zn^{2+}+xCr(III)+yH_2O$

传统的六价铬钝化液,可以提高基板的耐腐蚀性能和抗变色性能,是一种深绿色液体,能在镀锌板的表面形成一层无色的薄膜,具有优良的耐腐蚀性和耐高温黄变性。铬酸盐钝化液的主要成分为六价铬、硫酸或硝酸。经钝化处理过的镀锌钢板表面形成一层致密的钝化膜,该膜常用 $X CrO_3 \cdot Y CrO_2 \cdot ZH_2O$ 来表示。其钝化机理为:在酸性溶液中,六价铬 $Cr(VI)$ 与镀锌层发生反应,锌被氧化成 Zn^{2+},$Cr(VI)$ 被还原成三价铬 $Cr(III)$,锌镀层表面附近溶液的 pH 升高,$Cr(III)$ 化合物沉淀在表面,形成含有水合铬酸锌、氢氧化铬及锌和其他金属氧化物的胶体膜。三价铬构成钝化膜的骨架,而六价铬依靠吸附、夹杂和化学键力填充于三价铬的骨架之中。在潮湿的空气中,当钝化膜层因外力刮伤或受到破坏后,六价铬与露出的镀锌层起反应进行再次钝化,使钝化膜得到修复,也称铬酸盐的自修复作用,即铬酸盐钝化具有自愈能力[59]。图 8.1 为六价铬的自愈能力示意图。

2. 钼酸盐钝化

钼与铬同属ⅥB 族,其氧化物及其氧化物的盐类与铬酸盐类具有相似的性质,因此,代替铬酸盐钝化有可观的前景。钼酸盐已广泛用作钢铁及有色金属的缓蚀剂[60]和钝化剂。钼酸盐钝化处理的方法主要有阳极极化处理和化学浸泡处理等。钼酸盐常被用作缓蚀剂,1939 年已有报道[61,62],1951 年 Robertson[63]首先论述了

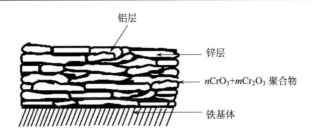

图 8.1 六价铬的自愈能力示意图

钼酸盐在中性溶液中对碳钢腐蚀的抑制机理，随后 Pryor 和 Cohen[64]对钼酸盐的缓蚀机理又作了进一步的探讨。钼酸盐低毒，因而在许多体系中逐渐取代了铬酸盐，得到了日益广泛的应用。

英国 Loughborough 大学研究了钼酸盐钝化处理过程中的电化学特性[65]，还研究了锌表面的化学浸泡处理。结果表明，钼酸盐钝化的效果不如铬酸盐钝化，但可以明显提高锌、锡等金属的耐蚀性。得到的钝化膜的厚度可控其颜色，从薄到厚依次为微黄、灰蓝、橄榄、黑色，其中黑色膜的耐蚀性最强，即钝化膜越厚，耐蚀性越强。

刘小虹等[66]研究了镀锌层钼酸盐转化膜及其耐蚀机理，经过该钼酸盐钝化处理的镀锌层的耐蚀性显著提高。其耐蚀机理是锌基体暴露在钼酸盐的酸性介质中被还原成钼酸根，形成一层钼酸盐转化膜，由于钼酸盐转化膜的存在，一方面机械地阻挡了氯离子、氧原子等腐蚀性介质对锌层的侵蚀；另一方面也阻碍了氧和电子的自由传输，抑制了镀锌层的腐蚀反应。该转化膜还能影响腐蚀反应的阴极和阳极过程，抑制镀锌层的腐蚀，能显著提高镀锌层的耐蚀性，但耐蚀性与铬酸盐钝化膜相比还有一定差距。

郝建军等[67]采用钼酸盐对热浸镀锌板进行钝化处理，盐雾试验表明耐蚀性可达到 24 h，并利用电化学的塔菲尔(Tafel)极化曲线和交流阻抗谱，研究了不同添加剂对钝化膜电化学性能的影响。结果表明，以羟己叉基二膦酸作为添加剂的耐蚀性最好，但与铬酸盐钝化相比还有一定差距。塔菲尔极化曲线表明，钼酸盐钝化膜在腐蚀体系中主要表现为阳极控制型。

钼酸盐对镀锡钢板的钝化处理也有报道[68]。钝化液为 1~10g/L 钼酸钠，温度 20~80℃，pH 为 1~5，阴极极化电位−0.8V，处理时间 2min，所形成的钼酸盐转化膜的保护作用可以达到铬酸盐钝化膜的水平。文献[69]比较了电镀锡锌合金表面的钼酸盐、铬酸盐和钨酸盐钝化膜，发现钼酸盐钝化效果不如铬酸盐。而 Wharton 等[70]研究了电镀镍合金经钼酸盐处理后生成膜的情况，认为钼酸盐钝化膜耐蚀性不如铬酸盐钝化膜，并且不具有自修复作用，但仍可明显提高锌镍合金镀层的耐蚀性。

钼酸盐、磷/钼酸盐转化膜耐蚀性均略逊于铬酸盐，但已从根本上解决了钝化液中六价铬的污染问题。转化膜薄且有裂纹是耐蚀性受影响的关键因素，通过加入有机缓蚀添加剂、硅烷偶联剂来封闭处理转化膜可缓解裂纹对耐蚀性的影响，这是主要的研究方向。

3. 硅酸盐钝化

硅酸盐钝化作为沉淀膜型缓蚀剂，具有成本低、稳定性高、使用方便、无毒等优点而得到广泛应用，同时硅酸盐钝化膜经过染色等后处理还可改变膜层的装饰性，且工艺简单，价格低廉，可用于工业生产[71]。钝化液中常加入有机促进剂以增强钝化膜的耐蚀性。

Yuan 等[72]研究了不同配比的硅酸钠溶液对热浸镀锌钝化膜耐蚀性的影响，发现 SiO_2：Na_2O 的比值在 3.00~4.00 时钝化膜耐蚀性最好。在该范围内，膜中包含大量聚合硅，且钝化膜中 Si—O—Zn 和 Si—O—Si 键的含量增加，使网状结构更多，钝化膜更致密，耐蚀性更强。韩克平等[73]研究了镀锌层硅酸盐钝化膜的耐蚀性以及膜层的组成和元素价态。研究结果表明，这种保护膜的耐蚀性与铬酸盐钝化膜的耐蚀性相当。他们认为可能在膜层表面，锌以 ZnS 形式存在，在膜层内部，带负电荷的 SiO_3^{2-} 和 SiO_2 胶团与带正电荷的 Zn^{2+} 发生配位作用而形成保护膜。

单一的硅酸盐钝化耐蚀性不理想，相关学者对硅酸盐掺杂进行了研究。Min[74]在硅酸盐中加入硅氧烷甲基化钾(PMS)对镀锌板进行钝化处理，发现经单一硅酸盐处理的钝化膜是亲水性膜，而加入 PMS 后的钝化膜转变为疏水性膜，并且钝化膜的耐蚀性大大提高。

由于硅酸盐钝化膜的耐腐蚀性还达不到铬酸盐钝化的效果，因此硅酸盐钝化工艺还没有用于大规模的工业生产。但硅酸盐具有的许多优点已引起国内外研究者的重视，若硅酸盐与有机添加剂结合，可提高钝化膜的耐蚀性，也是今后硅酸盐钝化的研究方向。

4. 稀土金属盐钝化

稀土金属铈、镧和钇等盐被认为是铝合金等在含氯溶液中的有效缓蚀剂。有文献[75]报道，镀锌板在 0.1mol/L 的 $Ce(NO_3)_3$、$La(NO_3)_3$、$Pr(NO_3)_3$ 的溶液中分别阴极极化 30s 后，3 种镧系稀土元素钝化膜都能提高镀锌板的耐腐蚀性能。另外稀土元素还可抑制锌层微电池的阴极反应，降低腐蚀速度。

Brunelli 等[76]以硝酸铈为处理液，在镀锌钢板表面形成了铈转化膜，研究镀锌钢板铈转化膜的耐腐蚀性能，并考察了添加 SO_4^{2-} 对成膜和耐蚀性的影响。结果表明，SO_4^{2-} 的浓度从 0 增加到 20 mmol/L，缓蚀效率从 50%增长到 95%；膜的表面形貌和耐腐蚀性能有密切关系，SO_4^{2-} 的加入细化了铈转化膜的晶粒，耐腐蚀性能也随之提升；开始表面形成的是三价铈的氢氧化物和硫酸盐，后来被溶液中的溶解氧氧化成四价。

卢锦堂等[77]采用以 $La(NO_3)_3$ 为主盐的成膜溶液浸泡热浸镀锌钢板，获得了镧盐钝化膜，通过 SEM、EDS 和电化学测试方法对镧盐钝化膜层的结构和耐腐蚀性能进行了研究。结果表明，钝化膜随浸泡时间的增加而增厚，膜的极化电阻和电化学阻抗也随之增大；膜层中存在均匀分布的微裂纹，且随膜的增厚而变宽；随着处理时间的延长，膜的表层开裂脱落，极化电阻和电化学阻抗下降。浸泡30min，镧盐钝化膜的极化电阻和 EIS 低频阻抗达 $20k\Omega/cm^2$ 以上，耐腐蚀性能远高于单一铈盐钝化膜，极大地提高了热浸镀锌件的耐腐蚀性能。

Montemor 等[78]利用 $Ce(NO_3)_3$ 和 $La(NO_3)_3$ 预处理镀锌试样，分别制备了BTESPT+Ce、BTESPT+La 复合钝化膜试样。电化学阻抗谱表明，两种复合钝化膜的电化学阻抗较无钝化膜的镀锌钢板试样均有较大提高，但 BTESPT+La 复合钝化膜的耐蚀性较低。这是由于在初始阶段，试样表面的氧化镧进入溶液中，削弱对阴极反应的抑制，导致电化学阻抗值迅速下降。BTESPT+Ce 试样的电化学阻抗值平缓下降。

单一的稀土金属盐钝化没有铬酸盐钝化效果明显，与缓蚀剂复配使用处理镀锌板效果更好。周爱军等[79]采用添加有机硅烷配成铈盐钝化液对热浸镀锌钢板进行钝化。硅烷预处理提高了稀土 Ce 在 Zn 表面的沉积量，制备出的稀土转化膜更厚；该钝化膜的耐腐蚀性能显著提高，甚至超过六价铬的钝化效果。

5. 其他金属盐钝化

除上述几种无机盐对金属表面钝化处理外，现在还研究钨酸盐、钛酸盐、含锆盐、含钴盐等无机盐钝化。

Cowieson 等[80]研究了钨酸盐钝化液对 Sn-Zn 合金的处理，并对其做盐雾试验和抗湿热试验。结果表明：钨酸盐处理液耐腐蚀性能和抗湿热性能与钼酸盐和铬酸盐相比有一定差距。钨酸盐在作为金属缓蚀剂方面与钼酸盐有相似的性质，但试验表明钨酸盐钝化膜的耐蚀性低于钼酸盐，钨酸盐的价格又较高，故对钨酸盐钝化研究不多。

Berger 等[81]对钛盐无铬钝化与三价铬、六价铬钝化镀锌板做了性能对比研究。结果表明，钛盐无铬钝化膜厚 75nm，三价铬为 30nm，六价铬为 5nm；湿热试验表明，无铬钝化和三价铬钝化耐腐蚀能力相当，但是不如六价铬钝化效果。刘洪锋等[82]对钛盐钝化处理进行了研究，配制了一种镀锌层钛盐钝化液，其主要组分为：5～7g/L 钛盐，70～80mL/L 过氧化氢，10～15mL/L 硝酸，8～12mL/L 络合剂。所得钝化膜有较强的耐蚀性，可通过 48 h 中性盐雾试验。钛盐钝化能得到耐蚀性与铬酸盐相当的钝化膜，但钛盐在金属表面均匀成核析出和长大的条件要求非常高，成为限制钛盐钝化发展的一个重要因素。

钼盐钝化有些被用于铝基表面的预处理，但还较少用于镀锌板的处理。1981 年，Heyes[83]用浓度为 0.1%～10%（w/w）的碳酸锆铵溶液（盐含量以 ZrO_2 计）对镀锡板进行表面处理，使镀锡板在处理后的各项性能得到改善。锆盐无铬钝化液主要含有 H_2ZrF_6，提供锆和氟。另外，还需加入少量的氢氟酸[84]，近来开发的锆盐钝化液还包括一些高分子化合物。

Co（Ⅱ）和 Co（Ⅲ）的络合物均可钝化处理金属 Al、Mg、Zn、Cd 等。Schriever 等发明的钝化液含 0.1 mol/L 饱和的 Co（Ⅱ）盐（CoX_2，X=Cl，Br，NO_3，CN，$1/2SO_4$，…）、0.03mol/L 饱和硝酸盐和 0.06～6.00mol/L 乙酸铵。钴盐钝化处理金属表面的效果不如锆盐钝化，故极少在工业中使用。

除此之外，磷酸盐、高锰酸盐等无铬钝化液对金属的防护和保护均有一定的效果。

8.1.2　有机物类无铬钝化

1. 有机酸钝化

单宁酸分子式为 $C_{76}H_{52}O_{46}$，是一种多元苯酚的复杂化合物，无毒，水解后溶液呈酸性，能少量溶解金属锌，因而可用于镀锌层的钝化处理。单宁酸是钝化液中的主要成膜剂，提供膜中所需的羟基和羧基，单宁酸的羟基与镀锌反应，并通过离子键与镀锌层表面生成致密的吸附性保护膜[85]，提高锌层的防护性。随着单宁酸溶液浓度的增加，膜层变厚，颜色加深，耐腐蚀性能增强。

McConkey[86]对单宁酸基的转化膜处理进行了研究，用磷酸、单宁酸处理金属表面后，使金属表面稳定，后续的涂层与基体结合紧密，可为涂漆提供可靠的前处理。闫捷[87]采用 40g/L 单宁酸、10g/L 氧氯化锆、60mL/L 过氧化氢、5mL/L 硝酸、10g/L 氟钛酸钾、10g/L 氟化铵，对锌镀层进行钝化处理，试验结果表明，单宁酸体系中的氟化物对提高钝化膜的耐蚀性有较好的效果；体系加入氧氯化锆也能明显提高钝化膜的耐蚀性；氟钛酸钾代替氟化铵和氧氯化锆室温下也可得到耐蚀性很高的钝化膜。但单宁酸价格较贵，可加入金属盐类、有机或无机缓蚀剂等，在提高单宁酸钝化膜耐蚀性的同时也降低了成本。

植酸又称肌醇六膦酸酯，分子式为 $C_6H_8O_{24}P_6$，是一种很强的金属螯合剂，可与金属离子形成稳定络合物。植酸在络合过程中，金属表面可形成致密的保护膜，因此经常在金属表面处理中作螯合剂和缓蚀剂。

Shimakura 等[88,89]采用植酸作钝化剂，硅烷偶联剂作促进剂，研究表明，植酸钝化膜的耐蚀性与三价铬钝化相当。专利 JP 6256598 公开了一种用于合金化镀锌表面处理的组合物，钝化液主要由植酸组成，可在金属表面形成一层致密的单分子保护膜，处理后的合金化镀锌板既美观耐腐蚀能力又强。张洪生[90]对植酸在多种金属防护中进行了研究，配制的无铬钝化液配方为：植酸 16g/L，氟钛酸铵 10g/L，硅胶 30g/L，PVA（聚合度 1400）50g/L，余量为去离子水，pH 为 5.3 左右。用其对铁、锌、铝及合金进行钝化，研究结果表明，钝化后金属耐蚀性大大提高，涂漆的附着力大大增强。但植酸钝化膜的附着力比较差，容易从镀锌层表面脱落，影响钝化膜的外观形貌和防腐性能。如果再添加硅烷作附着力促进剂，可大大提高植酸钝化膜的耐蚀性，是未来无铬钝化的方向之一。

　　油酸是一种大分子有机物，可以在金属表面形成一层保护膜，对金属有一定的防护作用。美国专利[91]发明了一种油酸热浸法处理热浸镀锌钢板，油酸与锌板表面接触后发生交联反应，在其表面钝化形成一层有机复合膜，镀锌板经过处理后可大大提高表面耐蚀性。

2. 有机硅烷钝化

　　机硅烷在金属表面处理的应用始于 20 世纪 90 年代初。这种钝化膜的耐蚀机理有二：一是硅烷与金属之间 Si—O—Me 共价键的形成加强了钝化膜与金属的结合力；二是剩余硅烷分子凝聚形成具有 Si—O—Si 三维网状结构的硅烷疏水膜，对腐蚀介质有屏蔽作用（图 8.2）。使用有机硅烷处理有以下特点[92]：①硅烷处理中不含有害重金属及其他有害成分；②硅烷处理是无渣的；③不需要亚硝酸盐促进剂，从而避免了亚硝酸盐及其分解产物对人体的危害；④常温可行，节约能源。

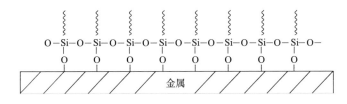

图 8.2　硅烷钝化示意图

　　目前，化学键理论被认为最接近实际的一种理论[93]。该理论认为硅烷分子首先与水反应水解成硅醇，硅醇脱水缩合成低聚物，低聚物与无机物表面上的氢基形成氢键，加热脱水形成共价键[94]，结果对于镀锌板来说，转化膜中生成大量的 Si—O—H 和 Si—O—Zn 键，保护金属免受腐蚀[95]。

　　Trabelsi 等[96]研究了在有机硅烷溶液中添加 Ce(NO₃)₃ 和 Zr(NO₃)₄ 所形成的钝化液对金属表面的耐蚀性，并分析了 Ce 和 Zr 两种元素对提高钝化膜耐蚀性的作用机理。通过分析研究，添加剂的加入不仅降低了转化膜的孔隙率、电导率，同时增加了膜层的厚度。并且 Ce 元素比 Zr 元素对提高膜层耐蚀性效果更明显，因为 Ce 元素的加入不但增加了金属表面膜的稳定性，而且对内部膜层也起到保护作用。

Van 等[97,98]对多种硅烷钝化液对金属表面的腐蚀进行了研究，结果表明金属表面硅烷膜的生成改变了金属表面的化学性质，在很大程度上减少了发生腐蚀反应的活性点的数量，在金属基体的氧化层与硅烷膜之间存在一界面层，此界面层主要由 Si—O—Si 和 Al—O—Si 共价键构成，因其孔隙率较小，并且与金属基体结合较强，通过阻碍腐蚀产物的传输而极大地抑制了膜下金属点蚀的发生与发展。

van Ooij 等[99]也对此进行了深入研究，针对镀锌钢板提出了混合硅烷配方，将 KH-550 与 KH-560 以 1：3 的比例混合，利用前者的亲水性使之与金属界面产生良好的结合力，利用后者的疏水性产生屏蔽性良好的钝化膜。但这种钝化膜不适宜高温热涂敷(400℃)镀锌钢板使用，因而有待解决。

以有机硅烷为主的金属表面防腐技术具有工艺简单、无毒、无污染、适用范围广、成本低等优点，经硅烷处理过的金属表面对有机涂层的胶黏性能优异[100]，目前已经成为金属表面防腐蚀和提高与外涂层附着效果处理领域的重要材料之一。

3. 有机树脂钝化

一些国家已经开发出一种有机树脂无铬钝化液在镀锌钢板上的应用，其耐腐蚀性能与含铬钝化处理的效果相当，现已在家电、汽车行业试用。

美国专利 5662967[101]介绍一种表面镀锌处理的钝化方法。钝化液是一种无毒和低蒸汽压溶液，含有一种烷基甲基丙烯酸酯聚合物，特别是甲基-丁基丙烯酸酯的共聚物。这种共聚物不溶于水，可溶解在有机溶剂中，因此使用氧-醚混合体作溶剂，该处理方法可使聚合物在无毒低蒸汽压和无水的溶剂中分解，从而在金属表面上形成均匀且透明的薄膜钝化层，该钝化膜的耐蚀性很好。

宫丽等[102]在热浸镀锌钢板上制备出纳米硅溶胶/改性水溶性丙烯酸树脂复合钝化膜，并进行了中性盐雾试验和电化学测试，结果表明，有钝化膜的热浸镀锌板比裸露的热浸镀锌板更具耐腐蚀性能，是由于复合钝化膜底层钝化膜中 TiO_2 粒子的阻化作用和掺杂作用。González 等[103]在镀锌板上制备出环氧-聚酰胺转化膜，在一定膜厚范围内，转化膜越厚，耐蚀性就越强，转化膜厚达到 $200 \sim 500 \mu m$ 时，能有效地对镀锌层起到防护作用。

潘琦[104]研究了以水性丙烯酸改性环氧树脂、乙烯基三乙氧基硅烷、磷钼酸盐溶液和表面活性剂(SDS+OP-10)为 A 组分，水性改性胺固化剂 LJ810 为 B 组分的有机/无机无铬复合钝化液。研究表明，复合膜表面平整、致密，复合钝化膜的存在阻滞了镀锌层腐蚀过程的阴极反应，有效减缓了镀锌板的腐蚀速度。

另外，Chen 等[105]认为，二氨基二氮杂茂(BAT4)及其衍生物对锌具有较好的耐腐蚀效果。因为它能在 Zn 表面形成一层不溶性有机复合物薄膜，膜内分子以配位形式与金属基体相结合，构成屏蔽层，使膜致密，增强了膜的耐蚀性。Wippermann 等[106]研究了镀锌层表面三氮杂茂及其衍生物的钝化液，试验发现，AHT 在酸性和弱碱溶液中是极好的腐蚀抑制剂。采用电容电位曲线和 XPS 检测表明生成了最大厚度为 3nm 的保护性三氮杂茂锌(Zn-BAT4)膜，增强了镀锌层耐蚀性。王济奎等[107]采用有机膦合钼聚多酸盐对镀锌层表面进行处理，用该膜与硅酸盐膜和低价铬钝化膜相比，该钝化膜的耐蚀性优于硅酸盐钝化膜和三价铬钝化膜。王新葵等[108]通过测试锌电极在不同浓度的苯骈三氮唑(BTA)溶液中的极化曲线、低汞电极的微分电容曲线，考察了 BTA 对金属锌的缓蚀性能。试验表明，BTA 属于混合型缓蚀剂，在锌的表面上发生吸附，能与金属锌形成螯合官能团。这些物质在锌层表面形成稳定、不溶性的金属螯合物，对金属锌具有很好的缓蚀作用。

8.1.3　有机/无机复合无铬钝化

　　随着热浸镀锌钢板无铬钝化在工业领域的逐步拓展，将有机类化合物与无机盐混合对镀锌层进行钝化处理，所获得的钝化膜的耐蚀性比单一的无机盐钝化或有机物钝化效果要好，可以提高无铬钝化膜的耐腐蚀性能。

　　目前有机/无机复合技术主要有三个发展方向：①无机物与硅烷偶联剂的复合钝化；②无机物与有机树脂的无铬钝化；③无机物与有机酸的复合钝化。目前以上三个方向均有不少学者研究，以期望其外观、钝化液稳定性、耐蚀性、耐湿热性、附着力能达到最优水平。

　　美国最新专利介绍[109]，使用草酸与稀土盐、铝盐混合预涂配方并配以硅酸锂封闭工艺对镀锌层钝化。其整个工艺过程包括钝化、活化、预涂和封闭 4 个过程。钝化效果可达到在 120h 中性盐雾试验中无白锈出现。

　　Ferreira 等[110]研究了稀土铈盐和镧盐再加入硅烷偶联剂配制的钝化液对镀锌板耐蚀性的影响，研究表明其耐蚀性明显比铬酸盐钝化膜强，并具有良好的漆膜附着力。Montemor 等[111]对稀土铈的纳米二氧化硅改性的硅烷偶联剂钝化液进行研究，用此处理热浸镀锌钢板，对其电化学性能进行研究。研究表明，纳米颗粒的出现强化了硅烷钝化膜的阻碍特性，并阻碍了腐蚀介质向基体渗透，提高了钝化膜的耐腐蚀性能。

　　吴海江等[112]在室温下分别用 0.1wt%的 $Ce(NO_3)_3$、NaOH 和 HNO_3 溶液浸泡镀锌板 30min，漂洗浸润后再将试样浸到已水解好的 5%乙烯基三甲氧基硅烷溶液 2min，获得有机硅烷涂层。通过中性盐雾试验和电化学测试得出：经 0.1wt% $Ce(NO_3)_3$ 溶液处理的镀锌板耐白锈能力显著优于其他溶液，且钝化涂层对阴阳极过程都有阻滞作用。但其耐白锈能力有待提高。

　　卢锦堂等[113]研制出一种主要用于镀锌层抗白锈的有机/无机复合无铬钝化液：

在 1%～50%（体积分数）硅烷溶液中加入 1～30 g/L 钼酸盐缓蚀剂，配成 pH 为 3～7 的澄清透明钝化液。采用浸涂或喷涂的方法，使镀锌层表面覆盖一层无色、透明、稳定性好、附着力好、耐蚀性与铬酸盐钝化相当且具有自愈能力的钝化膜保护层，结果表明该钝化液的耐蚀性大大提高。

8.2　硅烷与树脂无铬钝化工艺

8.2.1　概述

尽管各种文献报道了很多不同的无铬钝化工艺，但目前还没有一种无铬钝化工艺能够完全代替铬酸盐钝化工艺。虽然有一部分无铬钝化后得到的膜层耐蚀性已经接近甚至在某些方面已经超过了铬酸盐钝化，但由于成本较高和不能适应大规模工业化生产而限制了它的推广使用和普及，但无铬钝化取代铬酸盐钝化已是大势所趋。本节主要对有机/无机复合钝化的无铬钝化工艺进行优化，并且对复合钝化膜的性能进行一系列的性能检测。

8.2.2　试验原材料

试验中热浸镀锌钢板采用的是鞍钢生产的规格为 50mm×80mm×1mm 或者 80mm×100mm×1mm 的热浸镀锌钢板。

8.2.3　试验试剂

试验中主要的试剂如表 8.1 所示。

表 8.1　试验中主要化学药品信息

药品名称	分子式	级别	生产厂家
KH-550	$NH_2(CH_2)_3Si(OC_2H_5)_3$	工业纯	国药集团化学试剂有限公司
KH-560	$CH_2OCHCH_2O(CH_2)_3Si(OCH_3)_3$	工业纯	国药集团化学试剂有限公司
苯丙乳液	—	工业纯	苏州精细化工集团有限公司
氟钛酸	H_2TiF_6	化学纯	国药集团化学试剂有限公司
硫酸氧钛	$TiOSO_4$	化学纯	阿拉丁试剂有限公司
偏钒酸铵	NH_4VO_3	化学纯	国药集团化学试剂有限公司
聚乙烯醇	$(C_2H_4O)_n$	化学纯	国药集团化学试剂有限公司
AEO-7	$C_{12}H_{25}O \cdot (C_2H_4O)_n$	化学纯	国药集团化学试剂有限公司
十二烷基硫酸钠	$C_{12}H_{25}OSO_3Na$	化学纯	国药集团化学试剂有限公司
酸性硅溶胶	$SiO_2 \cdot nH_2O$	工业纯	苏州化工有限公司
氨水	$NH_3 \cdot H_2O$	化学纯	沈阳市新化试剂厂

续表

药品名称	分子式	级别	生产厂家
醋酸	CH_3COOH	化学纯	天津市富宇精细化工有限公司
封闭剂	—	工业纯	苏州化工有限公司
氯化钠	NaCl	化学纯	天津市科密欧化学试剂公司

8.2.4　试验仪器及设备

试验中所用到的仪器及设备如表 8.2 所示。

表 8.2　试验仪器及设备

仪器	型号	生产厂家
电子分析天平	BS124S	北京赛多利斯仪器系统有限公司
电子天平	JM5102	余姚纪铭称重校验设备公司
磁力搅拌器	85-2A	常州博达试验分析仪器厂
酸度计	PHS-W	上海般特仪器有限公司
电热鼓风干燥箱	NH101-2A	上海和呈仪器制造有限公司
盐雾腐蚀箱	CRHS-270-RY	上海林频仪器股份有限公司
电化学工作站	CHI660	上海辰华仪器有限公司
扫描电子显微镜	SSX-550	日本岛津公司
扫描电子显微镜	S-4800	日本日立公司
X 射线衍射仪	PW3040/60	荷兰帕纳科公司
傅里叶红外光谱仪	Spectrum One NTS	美国 PE 公司
X 射线光电子能谱仪	PW3040/60	荷兰帕纳科公司

8.2.5　试验过程

1. 有机/无机复合钝化液的组成及工艺条件

根据相关文献以及前期的试验研究,初步确定了有机/无机复合钝化液的基本组成及其含量:

KH-560	$CH_2OCHCH_2O(CH_2)_3Si(OCH_3)_3$	3.0%~4.0%
苯丙乳液	—	20%~25%
氟钛酸	H_2TiF_6	0.8%~1.0%
偏钒酸铵	NH_4VO_3	0.1%~0.2%
聚乙烯醇	$(C_2H_4O)_n$	0.1%~0.2%
AEO-7	$C_{12}H_{25}O \cdot (C_2H_4O)_n$	0.1%~0.3%

十二烷基硫酸钠	$C_{12}H_{25}OSO_3Na$	$0.05\%\sim0.1\%$
酸性硅溶胶	$SiO_2 \cdot nH_2O$	$1.2\%\sim1.4\%$
封闭剂	—	$0.2\%\sim0.3\%$
pH	—	$3.0\sim7.0$
钝化温度	—	$100\sim200℃$
钝化时间	—	$30\sim150s$

2. 有机/无机复合钝化液的配制过程

（1）按照比例称计算量的偏钒酸铵、氟钛酸等物质，并将其溶解于 60%的水中。

（2）用计算量左右的氨水调节 pH 至 2.2 左右，得到溶液 A。

（3）将计算量左右的硅烷偶联剂 KH-560 预先在另一个容器中进行水解，水的添加量为剩余水的 40%（一般情况下，搅拌下，连续水解 3～5 h，如果滴加几滴冰醋酸，可以提高水解速度）。

（4）待上述溶液完成后，将其(为 B 溶液)加入第二步骤的溶液 A 中，待上述两种溶液完全搅拌均匀，并完全相溶。

（5）依次加入计算量的脂肪醇聚氧乙烯醚(AEO-7)、聚乙烯醇(1788)、十二烷基磺酸钠(K-12)搅拌均匀后，加入丙烯酸苯丙乳液和计算量的有机磷酸酯聚合物。继续搅拌 0.5h 后，用氨水调节 pH 至 5.03 左右，样品配制完成，待用。

3. 钝化膜的制备

试验用设备：磁铁、RDS(4#)辊涂棒、烘箱、吸管、秒表、便携式 X 荧光。

（1）将烘箱设置温度为 150℃，保温 10min 至烘箱温度稳定。

（2）将清洗干净的热浸镀锌钢板放置在磁铁吸板上，固定好钢板，用吸管取一定量的钝化剂均匀地辊涂于钢板表面。

（3）将辊涂均匀的钢板放入烘箱中，在规定时间烘干，使钝化液钝化成膜。

（4）测量钝化成膜冷却后的热浸镀锌钢板涂敷钝化膜的膜厚：

a. 用便携式 X 荧光测含硅量（膜厚一般为 $0.4\sim1.0g/m^2$）。

$$膜厚=(测 SiO_2 数据×比例×固含量)÷配方硅含量÷2$$

式中，比例为硅烷的比例；固含量为硅烷的固含量。

b. 根据钝化前后的镀锌板的质量差及钝化膜的涂敷面积计算膜厚。

$$膜厚=(W_A-W_B)/面积$$

式中，W_B、W_A 分别为钝化前和钝化后钢板的质量；面积为钢板的涂敷面积。

b 种测量膜厚的方法比较方便、快捷，故经常采用 b 种测量膜厚的方法。

8.2.6　工艺流程

有机/无机复合钝化的工艺流程及性能检测如图 8.3 所示。

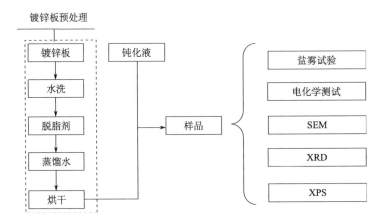

图 8.3　有机/无机复合钝化工艺及性能检测

8.3　钝化工艺优化

8.3.1　钝化膜的正交结果分析

当前，在无铬钝化工艺领域中，主要的研究方向是以硅烷-树脂-无机物的有机/无机复合钝化工艺。本节主要以有机硅烷 KH-560 为偶联剂，苯丙乳液为有机树脂作为主要的有机成膜物质，以钛、钒为无机盐，再加入其他有机物和无机物等，作为钝化液的主要物质，初步研究该有机/无机复合钝化膜对热浸镀锌钢板的耐腐蚀效果。并与该项目方配制的待配制的钝化液进行比较，判断此钝化液的耐蚀性及其他性能。

该有机/无机复合钝化液的成分主要为：选择硅烷为 γ-缩水甘油醚氧丙基三甲氧基硅烷(即 KH-560)，有机树脂选用苯丙乳液，无机盐为氟钛酸(H_2TiF_6)、偏钒酸铵(NH_4VO_3)，以及有机磷酸酯聚合物作为封闭剂，并用氨水和乙酸调节溶液的 pH，其余为蒸馏水。以上为该工艺的所有成分，并以 KH-560、H_2TiF_6、NH_4VO_3、苯丙乳液四因素，做四因素四水平的 16 组正交试验对钝化液中各种物质的浓度进行优化(以 100 g 溶液为标准，余量为蒸馏水)，通过对 $L_{16}(4^4)$ 正交试验进行中性盐雾试验和电化学测试(极化曲线测试和交流阻抗测试)对该有机/无机复合钝化膜的耐蚀性进行检测和研究，确定该钝化液成分的最佳配比。正交试验的工艺条件如表 8.3 所示，因素水平如表 8.4 所示，正交试验结果-试验数据如表 8.5 所示，正交试验盐雾试验结果分析如图 8.4 所示。

表 8.3　钝化工艺条件

钝化液 pH	温度	固化温度	固化时间	涂敷方式	钝化膜涂敷量
5.0 左右	室温	150℃	60s	辊涂	0.5～0.8g/m^2

表 8.4　因素水平表

水平	KH-560	H$_2$TiF$_6$	NH$_4$VO$_3$	苯丙乳液
1	2.5	0.7	0.05	10
2	3.0	0.8	0.07	15
3	3.5	0.9	0.09	20
4	4.0	1.0	0.11	25

表 8.5　正交试验结果-试验数据

试验号	KH-560	H$_2$TiF$_6$	NH$_4$VO$_3$	苯丙乳液	腐蚀电流/($\times 10^{-5}$A/cm^2)	SST 试验 72h 腐蚀面积/%
1	2.5	0.7	0.05	10	2.054	40
2	2.5	0.8	0.07	15	1.893	25
3	2.5	0.9	0.09	20	1.179	11
4	2.5	1.0	0.11	25	3.784	70
5	3.0	0.7	0.07	20	1.208	15
6	3.0	0.8	0.05	25	1.303	19
7	3.0	0.9	0.11	10	1.661	25
8	3.0	1.0	0.09	15	1.245	16
9	3.5	0.7	0.09	25	1.242	15
10	3.5	0.8	0.11	20	1.101	7
11	3.5	0.9	0.05	15	1.236	10
12	3.5	1.0	0.07	10	2.022	20
13	4.0	0.7	0.11	15	2.068	20
14	4.0	0.8	0.09	10	2.202	25
15	4.0	0.9	0.07	25	1.643	16
16	4.0	1.0	0.05	20	2.243	8
k_1	36.500	22.500	19.250	27.500		
k_2	18.750	19.000	19.000	17.750		
k_3	13.000	15.500	16.750	10.250		
k_4	17.250	28.500	30.500	30.000		
R	23.500	13.000	13.750	19.750		

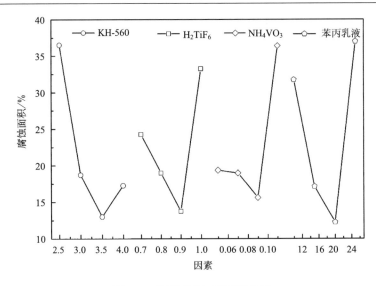

图 8.4　盐雾试验与四因素关系

盐雾试验是为了考核热浸镀锌钢板涂敷有机/无机复合钝化膜后的耐盐雾腐蚀的质量，根据盐雾试验后的腐蚀率可以判定钝化膜的耐蚀性。热浸镀锌钢板的腐蚀面积越小，说明钝化膜的耐盐雾腐蚀效果越好，也就可以说明该钝化膜的耐蚀性越好。

通过对该正交试验进行 72h 中性盐雾试验，由表 8.5 和图 8.4 可以得出，以上正交试验各因素对钝化膜的耐腐蚀性能的影响主次顺序为：KH-560>苯丙乳液>NH₄VO₃>H₂TiF₆，四因素中 KH-560 对该钝化膜的耐蚀性影响最为显著。以 100g 溶液为标准，该配方中四因素的最佳配方为：有机硅烷 KH-560 的质量为 3.5g，氟钛酸(H₂TiF₆)的质量为 0.9g，偏钒酸铵(NH₄VO₃)的质量为 0.09g，树脂苯丙乳液的质量为 20g。

8.3.2　钝化工艺参数确定

1. 钝化液 pH 确定

不同 pH 的钝化液钝化热浸镀锌板后盐雾试验腐蚀面积不同，pH 过高过低都会影响钝化膜的耐腐蚀性能。当钝化液 pH 过低时，钝化过程中热浸镀锌钢板的表面直接被酸化腐蚀，无法与钝化剂络合成膜，钝化液 pH 过高，钝化液极不稳定，有物质析出，且钝化膜的成膜效果不好，钝化液的耐腐蚀性能明显降低。因此，一般钝化液的 pH 的选择范围为 3~6，最好保持 pH 在 4~5 之间，这样既能保证钝化液与钢板络合成膜，又能使钝化液的耐蚀性达到最优。本试验选用 pH 在 3~7 之间对钝化膜的影响，采用中性盐雾试验测出 72h 产生白锈的时间以及电化学测试得出腐蚀电流评价钝化膜的耐腐蚀性能。

　　由图 8.5 和表 8.6 可以看出，pH 在 5 左右时所形成的钝化膜经 72h 盐雾试验形成的白锈的面积最小仅为 1.0%，并且相应的腐蚀电流也是最小的。随着 pH 的增大或减小，腐蚀面积和腐蚀电流都会增大，该钝化液的 pH 应控制在 5.0 左右，可使其耐腐蚀性能达到最强，所形成的钝化膜耐腐蚀性最好。

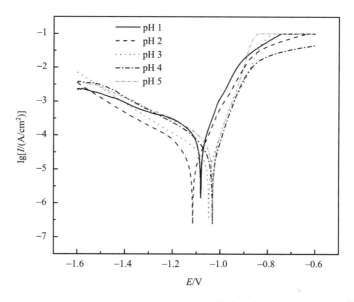

图 8.5　不同 pH 条件下的塔菲尔曲线

表 8.6　不同 pH 条件下钝化膜的盐雾试验结果和腐蚀电流

pH	3	4	5	6	7
72h 盐雾白锈面积/%	8	2	1	3	5
钝化膜腐蚀电流/($\times 10^{-5}$ A/cm^2)	1.157	0.687	0.360	0.640	1.192

2. 固化温度确定

　　钝化液固化温度对钝化膜的外观及耐腐蚀性能都会产生一定的影响。当钝化温度较低时，所形成的钝化膜厚度较薄，容易出现钝化膜形成不完整现象，从而导致钝化膜的耐腐蚀性能极大地降低；当钝化温度较高时，钝化反应速率很快，形成的钝化膜膜层不均匀且比较疏松，耐腐蚀性能较差。因此要选在合适的钝化温度下进行钝化。

　　本试验研究了 100～200℃之间对钝化膜的耐蚀性的影响，采用中性盐雾试验测出 72h 产生白锈的时间以及电化学测试得出腐蚀电流得出耐腐蚀性能最好情况下的钝化温度。如图 8.6 和表 8.7 可以得出钝化膜的 72h 中性盐雾试验和电化学测试结果可以得出，随着固化温度的升高，钝化膜的耐腐蚀性能有所提高，当温度超过 150℃时钝化膜的耐腐蚀性能提高比较缓慢，基本保持不变，考虑到工业上的经济问题，选择钝化膜的固化温度为 150℃为宜。

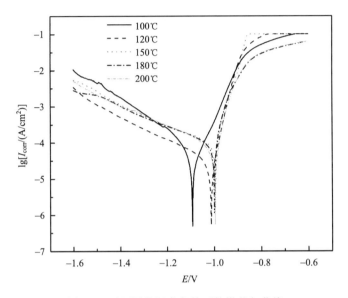

图 8.6　不同固化温度条件下的塔菲尔曲线

表 8.7　不同固化温度条件下钝化膜的盐雾试验结果和腐蚀电流

固化温度	100℃	120℃	150℃	180℃	200℃
72h 盐雾白锈面积/%	5	3	1	0.5	1
钝化膜腐蚀电流/($\times10^{-5}$ A/cm^2)	1.046	0.944	0.663	0.825	0.937

3. 固化时间的确定

固化时间的不同将直接影响钝化膜的耐蚀性，在一定固化时间内，固化时间越长相对来说钝化膜的耐蚀性越好，工业要求热浸镀锌板钝化成膜后保证钝化膜表面的温度为 90～100℃，然后常温钝化 8h 以上可做检测待用。本试验设置钝化膜固化时间为 30～150s，以 30s 为梯度，分别为 30s、60s、90s、120s、150s，其中钝化液 pH 为 5.0 左右，钝化温度为 150℃时，塔菲尔极化曲线如图 8.7 所示，盐雾腐蚀率和电化学腐蚀电流如表 8.8 所示。随着固化时间的增加，钝化膜的耐蚀性有所提高，直到达到耐蚀性的最优值，但是若钝化膜的固化时间过长，大于 60s 后钝化膜表面温度将大于 100℃，不满足工业要求，并且浪费能源，因此试验一般设定固化时间为 60s 为宜。

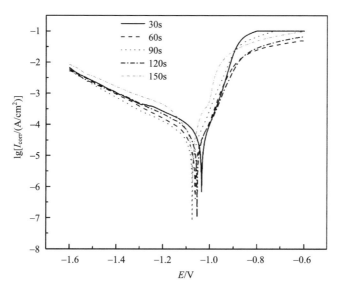

图 8.7 不同固化时间条件下的塔菲尔曲线

表 8.8 不同固化时间条件下钝化膜的盐雾试验结果和腐蚀电流

固化时间	30s	60s	90s	120s	150s
72 h 盐雾白锈面积/%	5	2	1	0	0
钝化膜腐蚀电流/($\times 10^{-5}$ A/cm^2)	0.865	0.642	0.615	0.618	0.713

4. 钝化膜涂敷量的确定

一般钝化膜的涂敷量为 0.4~1.0g/m^2，钝化膜涂敷量小于 0.4g/m^2 时，钝化成膜不完全，热浸镀锌钢板不能和钝化液很好地络合成膜，况且钝化膜越薄相当于保护层越薄，越易受到外界腐蚀性介质的侵蚀，当钝化膜的涂敷量大于 1.0g/m^2 时，从工业生产考虑浪费原料，不经济。故选择钝化膜涂敷量为 0.4~1.0g/m^2，最好在 0.5~0.8g/m^2 之间，既能保证钝化膜的耐蚀性又能做到经济节约。本试验选钝化膜涂敷量分别为 0.4g/m^2、0.6g/m^2、0.8g/m^2、1.0g/m^2、1.2g/m^2，取钝化液的 pH 为 5.0 左右，固化温度为 150℃，固化时间为 60s，对钝化膜进行中性盐雾试验和电化学测试，由图 8.8 和表 8.9 可知随着钝化膜涂敷量的增加，钝化膜的耐蚀性提高，直到达到耐蚀性的最优值，但是考虑到工业生产中经济成本的问题，可以使涂敷量控制到 0.5~0.8g/m^2 左右，既能保证钝化膜的耐蚀性，又能节省原料。

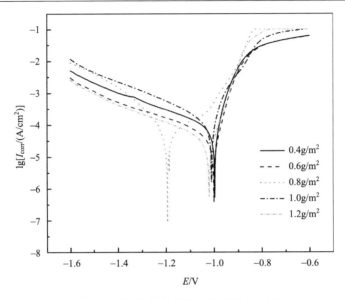

图 8.8　不同涂敷量条件下的塔菲尔曲线

表 8.9　不同涂敷量条件下钝化膜的盐雾试验结果和腐蚀电流

涂敷量	0.4g/m²	0.6g/m²	0.8g/m²	1.0g/m²	1.2g/m²
72h 盐雾白锈面积/%	4	1	1	0	0
钝化膜腐蚀电流/(×10⁻⁵ A/cm²)	1.101	0.615	0.607	0.647	0.637

8.3.3　钝化液优化

　　缓蚀剂或阻聚剂(腐蚀抑制剂)，是一种能抑制腐蚀发生，而在很多情况下实际上能完全阻止金属在侵蚀性介质中的破坏过程的物质，这类物质可看成是特殊的、腐蚀过程的负催化剂[114]。缓蚀剂[115]的种类繁多，缓蚀机理复杂。因此可在钝化膜中添加一些缓蚀剂(如纳米粒子、封闭剂、分散剂、保护胶体等)，能够提高钝化膜的耐蚀性，这些缓蚀剂中的有些助剂可以和硅烷很好地兼容，当金属表面有划痕或者其他缺陷时，缓蚀剂可以缓慢地渗透到受损处，抑制腐蚀的发生，并且有一定的自愈能力，对钝化膜的耐蚀性有一定的作用。其中如纳米粒子的加入，可以延长水离子、氯离子等腐蚀性离子到达金属基体表面的路径，可以使得金属基体表面的钝化膜的结构更加致密，如纳米二氧化硅改性硅烷溶液用于改善铝合金、热浸镀锌板的机械性能、腐蚀性能已有研究报道[116]。

　　缓蚀剂是防止或减缓金属腐蚀的方法之一，材料保护中所用的有机缓蚀剂基本上是含有 O、N、S、P 元素的各类有机物。缓蚀剂的主剂一般为环氧树脂、丙烯酸树脂、环氧改性氟树脂等，酚醛树脂、溶剂宜采用醇类、脂类、芳香族碳氢化合物等[117]。这类缓蚀剂的作用是由于有机物质在金属表面发生化学吸附、物理吸附或与钝化液中的成分发生反应，然后覆盖金属表面或活性部位，从而阻止金属的腐蚀过程。例如，封闭剂(如有机磷酸酯聚合物)的加入能有效地提高钝化膜的耐蚀性，还可以提高钝化膜的耐热性，其使用的材料一般为纳米级的固体颗粒，其化学性能稳定，一般不会与钝化膜中其他的物质发生反应，所以其功能可以从物理作用上加以解释，我们可以认为封闭剂夹杂在钝化膜中起到填充作用，使钝化膜的结构更加稳定，耐蚀性更强。因此试验在原有基础上又添加了一定量的封闭剂有机磷酸酯聚合物，分散剂十二烷基硫酸钠(K-12)，保护胶体聚乙烯醇(1788)，乳化剂脂肪醇聚氧乙烯醚(AEO-7)。并通过正交试验及盐雾试验确定钝化效果最优时的用量。正交试验因素水平如表 8.10 所示，正交试验结果-试验数据如表 8.11 所示，正交试验盐雾试验结果分析如图 8.9 所示。

表 8.10　因素水平表

水平	AEO-7	1788	K-12	封闭剂
1	0.10	0.10	0.05	0.10
2	0.15	0.15	0.10	0.15
3	0.20	0.20	0.15	0.20
4	0.25	0.25	0.20	0.25

表 8.11　正交试验结果-试验数据

试验号	AEO-7	1788	K-12	封闭剂	腐蚀电流($\times10^{-5}$ A/cm^2)	SST 试验 72h 腐蚀面积/%
1	0.10	0.10	0.05	0.10	3.250	10
2	0.10	0.15	0.10	0.15	2.888	8
3	0.10	0.20	0.15	0.20	1.206	4.5
4	0.10	0.25	0.20	0.25	2.888	9
5	0.15	0.10	0.20	0.20	1.106	4
6	0.15	0.15	0.25	0.25	0.701	1
7	0.15	0.20	0.10	0.10	4.617	20
8	0.15	0.25	0.15	0.15	3.483	10
9	0.20	0.10	0.15	0.25	0.818	3
10	0.20	0.15	0.20	0.20	0.959	5
11	0.20	0.20	0.05	0.20	0.745	1.5
12	0.20	0.25	0.10	0.10	1.002	6
13	0.25	0.10	0.20	0.15	0.973	4.5

续表

试验号	AEO-7	1788	K-12	封闭剂	腐蚀电流($\times 10^{-5}$ A/cm^2)	SST 试验 72h 腐蚀面积/%
14	0.25	0.15	0.15	0.10	1.236	8
15	0.25	0.20	0.10	0.25	0.982	3.5
16	0.25	0.25	0.05	0.20	0.842	2
k_1	7.875	5.875	3.625	11.000		
k_2	8.750	5.500	5.375	6.000		
k_3	3.875	7.375	6.375	3.875		
k_4	4.500	6.750	9.625	4.125		
R	4.875	2.000	6.000	7.125		

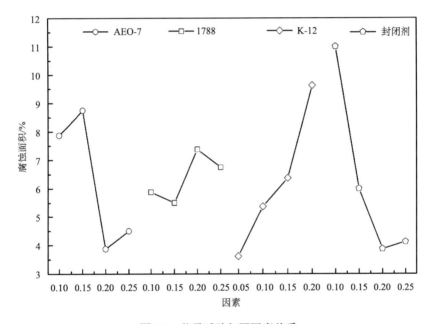

图 8.9　盐雾试验与四因素关系

　　表 8.11 的数据显示,从腐蚀面积来分析,该组正交试验的腐蚀面积较上组正交试验腐蚀面积明显降低,该正交试验中有九组钝化膜的腐蚀面积都小于 5%,其中最小的腐蚀面积可达到 1%,远小于 5%,满足工业要求;腐蚀面积最大的为20%,较上组正交试验耐腐蚀效果明显提高。从腐蚀电流来分析,除三组钝化膜的腐蚀电流比较大之外,其他的腐蚀电流均比较稳定且腐蚀电流较小。较上组正交试验相比腐蚀电流整体来看有所降低,工业中主要以钝化膜的中性盐雾试验的腐蚀面积来判定钝化膜的耐腐蚀性能,故可知该组经优化的钝化膜有一定的实际

应用意义。通过对该优化组的钝化膜的正交试验进行 72h 中性盐雾试验，可以得出以上正交试验各因素对钝化膜的耐腐蚀性能的影响主次顺序为：封闭剂>K-12>AEO-7>1788，四因素中封闭剂有机磷酸酯聚合物对该钝化膜的耐蚀性影响最显著。以 100g 溶液为标准，该配方中四因素的最佳配方为：封闭剂的质量为 0.20g，K-12 的质量为 0.05g，AEO-7 的质量为 0.15g，1788 的质量为 0.20g。

从盐雾试验的因素水平图中可以得出，随着封闭剂的加入，腐蚀面积呈现先快速减小再缓慢增大的趋势，以 100g 溶液为标准，当封闭剂的加入量为 0.20g 时，钝化膜的腐蚀面积达到最小，该配方中封闭剂的最佳含量可取 0.20g，K-12 随着含量的增加，腐蚀面积逐渐增加，其最优含量可取 0.05g，AEO-7 随着含量的增加，腐蚀面积呈现先增加后减小再增加的趋势，取 AEO-7 的最佳含量取为 0.20g，而 1788 最佳含量可取为 0.15g。在设定的各因素的含量在所取范围内均可取得腐蚀面积最优值，故所设置的四水平可取。

8.4　复合无铬钝化膜的性能测试

8.4.1　盐雾腐蚀试验

盐雾腐蚀试验可分为两种，一类为天然环境暴露试验，另一类为人工加速模拟盐雾环境试验。盐雾试验已广泛应用于确定各种保护性涂(镀)层厚度的均匀性和孔隙率，是筛选涂(镀)层的有效方法之一。而复合无铬钝化膜的耐腐蚀性试验用中性盐雾试验来测定其耐蚀性，并将该试验评定为钝化膜耐腐蚀效果的最终标准。参照国家标准 GB/T 10125—2012《人造气氛腐蚀试验　盐雾试验》，对试样进行中性盐雾试验。

腐蚀溶液用(50±5)g/L 的 NaCl 溶液，pH 为 6.5～7.2(可用盐酸或氢氧化钠来调整)，箱内温度为 35℃左右，箱内盐雾沉降量为 1.5～2.0mL/h。样品在放入盐雾箱之前用石蜡或胶带封边，且样品需常温钝化 8 h 之后放入盐雾箱中(烘箱钝化之后，需要经过 8h 以上的常温钝化)。试样与铅垂线成 15°～30°，盐雾箱内及盐水桶的温度调整至 35℃，压力桶的温度为 47℃，喷雾压力保持在 1.00～0.01kgf/cm² (1kgf/cm²≈0.1MPa)时，即可开始喷雾，24h 为一周期。试验结束，试样清洗前，为减少腐蚀产物的脱落，应将试样放在室内自然干燥 0.5～1h，用清水轻轻冲洗表面腐蚀溶液的残留物。用 3mm×3mm 网格测量表面腐蚀面积，并计算腐蚀率。

涂敷钝化膜之后，将覆盖钝化膜的热浸镀锌钢板，在室温下腐蚀 6 个月。观察钝化膜表面没有腐蚀的痕迹，没有出现白锈等腐蚀现象。腐蚀前的照片如图 8.10(a)所示，可以看出样品表面形成的钝化膜均匀致密，具有一定的光泽，说明所形成的钝化膜良好；图 8.10(b)是样品在室温下腐蚀 6 个月的照片，样品表面几乎没有出现白锈，具有一定的耐腐蚀能力；图 8.10(c)是优化改进的复合钝化膜72 h 盐雾试验后腐蚀照片，只有边缘出现了少量的点蚀，这是因为腐蚀一般开始发生在钝化膜的边缘部位，然后向里腐蚀，加入缓蚀剂的钝化液仅有十分轻微的局部腐蚀，腐蚀面积 1%左右，点蚀现象几乎没有。

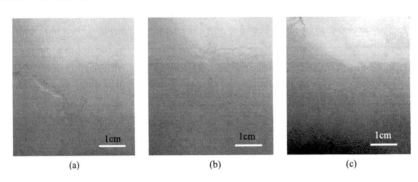

(a)　　　　　　　　　(b)　　　　　　　　　(c)

图 8.10　中性盐雾试验后照片

(a)腐蚀前；(b)6 个月；(c)经优化改进的复合钝化膜

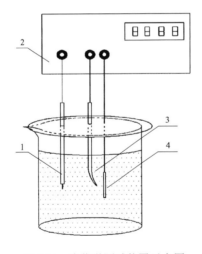

图 8.11　电化学测试装置示意图

1. 铂电极；2. 电化学工作站；3. 参比电极；4. 工作电极

(镀锌板)

8.4.2　电化学测试

电化学测试在很多研究中被证实是评价材料腐蚀行为的有效且可靠的方法，它广为人熟知的优势是能连续地检测材料的腐蚀过程和腐蚀速度，并且能提供材料电化学失效过程中的反应和机理。该电化学测试研究主要采用电位极化法检测合金元素对镀层耐蚀性的影响，从极化曲线中可看出给定体系可能发生的反应及最大速率，可以测量电极反应的交换电流、传递系数及阴极和阳极塔菲尔常数等参数，也可测定腐蚀速度，研究电极过程机理及各种影响因素。

该检测采用 CHI-660 型电化学工作站，测试使用三电极体系(铂电极、甘汞电极、工作电极)，测试所用溶液为 3.5% NaCl 溶液，测试装置示意图如图 8.11 所示。

电化学测试的试验参数如表 8.12 所示。

表 8.12　电化学测试相关参数

参数类型	试验参数	参数类型	试验参数
NaCl 浓度	3.5%	扫描速度	0.005V/s
工作面积	1cm²	激励信号	10mV
扫描范围	−1.1～−0.6 V	频率范围	0.01～10000Hz

　　电化学试样制备：取一 2 cm×2 cm 的试样，在其左上角(或右上角)打一个孔，用带绝缘胶皮的铜导线焊接镀锌板，使之与其接触良好，样品四周及背面用松香石蜡密封(质量比 1∶1)，中心留约为 1cm² 的面积为工作面积，然后进行电化学测试。测试时饱和甘汞电极为参比电极，铂电极作对电极，以上试样作工作电极。工作电极先在 NaCl 溶液中浸泡 30min，待镀层的开路电位稳定后，再对镀层进行极化扫描。扫描结束后，先对试样进行极化测试，然后在阴极和阳极塔菲尔电位区确定试样的腐蚀电流和腐蚀电位。

　　对不同膜层的钝化膜进行极化曲线测试，得到塔菲尔极化曲线（图 8.12），并通过相关电化学软件模拟出不同钝化膜的相关参数（表 8.13），本章主要通过腐蚀电流的大小来判定钝化膜的耐蚀性。由图 8.12 的塔菲尔极化曲线分析可知，腐蚀电流大小顺序为：添加缓蚀剂的复合钝化膜<未加缓蚀剂的复合钝化膜<产品钝化膜<热浸镀锌钢板。这也说明对钝化剂的进一步改进优化取得一定的效果。

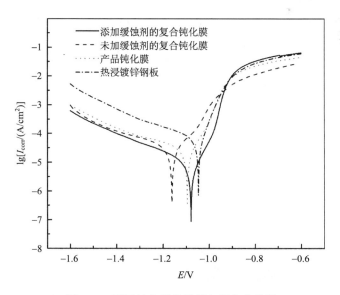

图 8.12　不同钝化膜的塔菲尔极化曲线图

表 8.13　不同钝化膜的极化参数

不同膜层	腐蚀电流/(×10⁻⁵ A/cm²)	腐蚀电位/V	阴极塔菲尔斜率	阴极塔菲尔斜率
添加缓蚀剂的复合钝化膜层	0.360	−1.0868	2.571	2.356
未加缓蚀剂的复合钝化膜层	1.001	−1.1511	2.444	2.356
产品钝化膜层	1.417	−1.1012	3.202	2.567
热浸镀锌钢板层	21.761	−1.0488	3.053	2.480

8.4.3　钝化膜的表面形貌分析

图 8.13 (a) 和 (b) 分别为热浸镀锌板中性盐雾试验的×300 和×5000 的 SEM 图，图 8.13 (c) 和 (d) 分别为复配的钝化膜经 72h 中性盐雾试验的×300 和×5000 的 SEM 图。由图可以看出经中性盐雾试验腐蚀后，图 8.13 (a) 表面有比较平坦的腐蚀产物区域和凹凸不平的腐蚀产物区，其中平坦区域为腐蚀流过区，与腐蚀前相比已经完全看不出热浸镀锌钢板原来的形貌。从图 8.13 (b) 的 SEM 图可以看出，热浸镀锌钢板的腐蚀部位的表面形貌为蜂窝状，腐蚀产物中有大量的针状的铁锈生成。这说明热浸镀锌基体腐蚀非常严重，基本上镀锌层完全腐蚀。而图 8.13 (c) 的 SEM

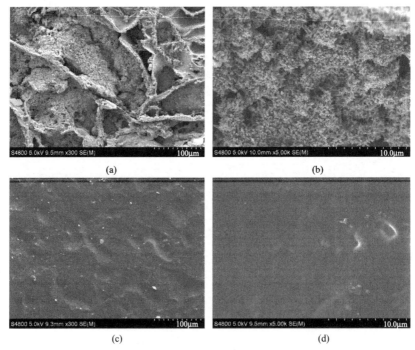

图 8.13　不同钝化膜盐雾腐蚀后的 SEM 图

(a)、(b) 热浸镀锌板；(c)、(d) 复合钝化膜图经 72h 中性盐雾试验仍能看出镀锌钢板的形貌。表面有少量的白色腐蚀产物，且腐蚀形貌没有出现大面积的白锈，从图 8.13(d) 的 SEM 图可以看出钝化膜致密、均匀，可以说明钝化膜的耐蚀性比较强，复配的钝化膜的耐蚀性有了极大的提高。

图 8.14 为复合钝化膜层的断面形貌，图(a)为×500 的扫描电镜的表面形貌，图(b)为×5000 的扫描电镜的表面形貌，从图中可以直观地看出冷轧基板层、热浸镀锌钢板层和复合钝化膜层。由图中标尺可以清楚地看出复合钝化膜涂敷量为 $0.6g/m^2$ 左右时，钝化膜的厚度为 $1\sim1.5\mu m$，进一步验证了复合无铬钝化膜是微米近纳米级的膜层。

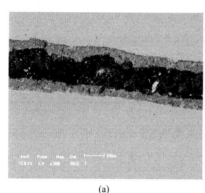
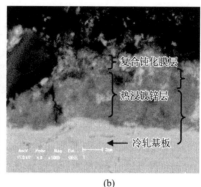

(a)　　　　　　　　　　　　　　　　　　(b)

图 8.14　复合钝化膜的断面 SEM 形貌

8.4.4　X 射线衍射分析

图 8.15 为复合钝化膜经盐雾试验腐蚀前的 XRD 测试结果，由于钝化膜中的主要成分为有机硅烷和有机树脂，其他无机物的含量比较少，因此采用 XRD 对钝化膜的物相组成做简单的定性分析。钝化膜中其他的非晶态组分还需要用其他的测量方法进行检测。经过 XRD 测试结果中含有 Zn、Si、$Zn_5(OH)_6(CO_3)_2$、Zn_3V_2、$ZnSi_2$、ZnP、SiF_4 等相，其中以 Zn 为基体，其衍射峰比较明显，且强度很强，其他成分均为钝化膜中含量相对较少的组分所形成的相，这些物相的形成使膜的结构更加均匀、致密，能有效地阻隔腐蚀性离子的侵入，提高钝化膜的耐蚀性。

图 8.16 为添加缓蚀剂的复合钝化膜经 72h 盐雾腐蚀后的 XRD 测试结果，由图可知盐雾腐蚀后样品中主要含有 Zn、ZnO、$Zn_5(OH)_8Cl_2 \cdot H_2O$、$C_2H_{12}N_6O_8S_2Zn$、$ZnP$、$ZnSi$、$C_{19}H_{30}O_3$ 等物相，与腐蚀前复合钝化膜的 XRD 测试结果相比，腐蚀前后 Zn 的衍射峰比较强，但腐蚀前的 Zn 的衍射峰比腐蚀后的 Zn 的衍射峰要强得多，XRD 检测的结果没有 Fe，由于 Fe 含量很少，故在 XRD 中检测不到 Fe 元素正常，且在盐雾腐蚀后钝化膜中仍然含有 ZnP、$ZnSi$ 等物相，说明结合能比较强，即复合钝化膜的耐腐蚀性能比较强。

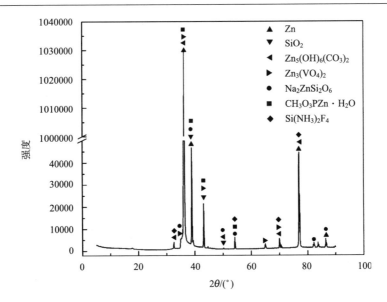

图 8.15　复合钝化膜盐雾试验前的 XRD 图

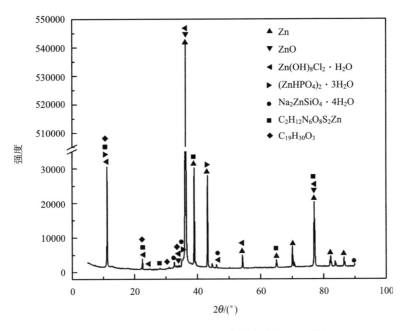

图 8.16　复合钝化膜 72h 盐雾试验后的 XRD 图

8.4.5　X 射线光电子能谱分析

为了分析复合钝化膜层中所含基本元素的相关信息，对该复合钝化膜进行 X

射线光电子能谱分析,该钝化膜的 XPS 全元素扫描结果如图 8.17 和表 8.14 所示。从图 8.17 和表 8.14 可以看出，复合钝化膜中主要含有 C、O、Ti、V、Si、Zn、P 等元素，又因 XPS 不能探测到 H 元素，故不排除膜层中有 H 元素存在。

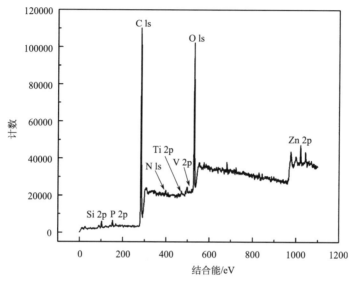

图 8.17　复合钝化膜层的 XPS 全元素扫描谱图

表 8.14　X 射线光电子能谱测得复合钝化膜中各主要元素含量

项目	Si	C	Ti	V	O	F	Zn
位置	102.26	283.2	456.95	521.77	529.83	682.34	1020.78
原子百分比/%	3.17	75.3	0.14	0.01	20.22	0.57	0.59
质量分数/%	17.79	40.42	1.1	0.28	35.98	2.95	1.49

为了分析复合钝化膜中各元素的化学结合状态，对 C、O、Si、Zn 四种主要元素进行窄幅扫描如图 8.18 所示,对窄幅扫描谱采用高斯/劳伦斯方程最小均方差 Shirley 消背底方法进行拟合,在窄幅扫描中锯齿状的实线为 XPS 测得的原始数据,而虚线为采用分峰软件结合参考值对测得的结果所进行的模拟结果。

图 8.18(a) 为复合钝化膜表面 C 元素的窄幅扫描图谱。根据拟合可得到四个拟合峰，分别把四个拟合峰的结合能与 NIST Database 中的数值进行比对，得知该复合钝化膜中 C 分别以 C—C/C—H、C—Si、C—O—C/C—O、C—N 等形态存在。

图 8.18(b) 为复合钝化膜表面 Si 元素的窄幅扫描图谱。根据拟合可得到三个拟合峰，分别把三个拟合峰的结合能与 NIST Database 中的数值进行比对，得知

该复合钝化膜中 Si 分别以 Si—O—Si、Si—C、C—O—Si 等形态存在。Si—O—Si、C—O—Si 等形态的存在说明了复合钝化膜层中的硅醇相互之间发生聚合反应形成了硅氧烷结构。

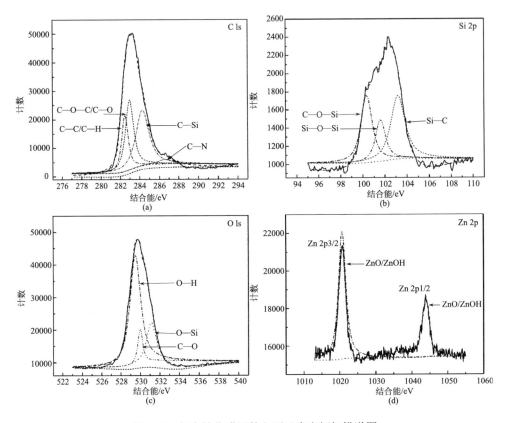

图 8.18　复合钝化膜层的主要元素窄幅扫描谱图

　　图 8.18(c) 为复合钝化膜表面 O 元素的窄幅扫描图谱。根据拟合可得到三个拟合峰，分别把三个拟合峰的结合能与 NIST Database 中的数值进行比对，得知该复合钝化膜中 O 分别以 C—O、O—H、O—Si 等形态存在，分析认为复合钝化膜中存在硅氧烷结构、未反应的硅醇、pH 调节剂等物质,与傅里叶红外光谱分析的结果相吻合。

　　图 8.18(d) 为复合钝化膜表面 Zn 元素的窄幅扫描图谱。据拟合峰的结合能与 NIST Database 中的数值进行比对，得知该复合钝化膜中 Zn 分别以 ZnO、$Zn(OH)_2$ 等形态存在。

8.4.6 钝化膜的傅里叶红外光谱分析

为了检测复合钝化膜中各化学物质的存在状态,图 8.19 为添加缓蚀剂复合钝化膜的红外光谱图,峰值在 3430 cm^{-1} 为硅烷膜内未缔合的—OH 的伸缩振动,表明硅醇 Si—OH 在金属表面并未完全缔合,仍然有很多部分是以 Si—OH 形式存在,同时也说明在苯丙乳液中还有很多没有发生缩合反应;峰值在 2922cm^{-1} 为 C 结合的—CH$_2$ 和—CH$_3$ 的伸缩振动峰;峰值为 2366cm^{-1} 为 N—H 的伸缩振动峰,当胺成盐时 N—H 的伸缩振动峰会大幅度地低频位移,且 N—H 的变形振动在 1550～1650cm^{-1} 出现中等强度吸收峰,图中在 1624cm^{-1} 附近出现的峰为 N—H 的吸收峰;峰值在 1724cm^{-1} 为 C=O 羧基的伸缩振动峰;峰值在 1449cm^{-1} 为—CH$_2$ 的弯曲振动峰;硅酸及酯的 Si—O 在 1000～1100cm^{-1} 出现强的吸收峰,即峰值在 1064～1162cm^{-1} 附近的峰为 Si—O 的伸缩振动峰;峰值在 696～883cm^{-1} 为苯环上碳氢键作面外变形振动产生的,是苯环的定位峰。以上官能团的存在说明在钝化膜中同时存在—OH、N—H、—CH$_3$、—CH$_2$、C=O 和 Si—O 等基团,峰值在 1064～1162cm^{-1} 处的峰出现宽化现象,有文献认为该宽化现象为 Si—O—Si 和 Si—O—Zn 吸收峰间相互重叠所致。

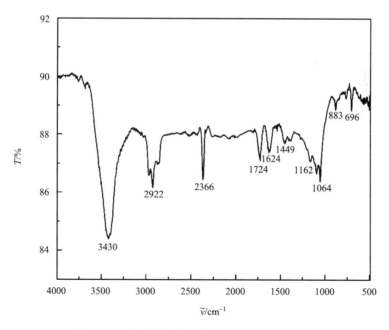

图 8.19　添加缓蚀剂复合钝化膜层的红外光谱图

8.5　钝化膜的腐蚀机理分析

8.5.1　钝化膜的形成机理

通过对钝化膜的表面形貌、物相组成、元素分析、键合分析等研究，发现热浸镀锌钢板表面钝化膜的形成是一个简单的过程。钝化膜形成的最初反应是由两个基本过程组成：①热浸镀锌钢板与钝化液之间的酸浸渍反应；②金属盐溶液的形成。

当热浸镀锌钢板置于酸性钝化液中时，钢板表面首先发生如下反应：

阴极区：$O_2+2H_2O+4e^- \longrightarrow 4OH^-$

阳极区：$Zn \longrightarrow Zn^{2+}+2e^-$

上述微电池反应是连续进行的，这样表面阴极区的析氢或吸氧反应会导致金属锌表面局部位置 pH 增大，使溶解的锌离子可能与 OH^- 形成氢氧化物胶体：

$$Zn+2OH^- \longrightarrow Zn(OH)_2$$

因此钢板表面会生成锌的氧化物，由于 $Zn(OH)_2$ 的溶解度很小，所以金属锌的氧化物在金属表面经短暂沉积后逐渐转化成 ZnO，附着在膜层上。

当钝化液为有机/无机复合钝化液时，膜层形成主要是硅烷、树脂和某些无机离子之间相互交联形成耐蚀性较强的钝化膜。以有机硅烷、苯丙乳液为例，首先钝化剂中硅烷大量水解出硅醇 Si—OH，硅醇和苯丙乳液与金属表面生成的 $Zn(OH)_2$ 发生缩合反应[118,119]：

$$2Si—OH+Zn(OH)_2 \longrightarrow 2Si—O—Zn+2H_2O$$

$$(C_{11}H_{12}O_2)_n+nZn(OH)_2 \longrightarrow (C_{11}H_{12}O_2Zn)_n+nH_2O$$

在钝化成膜过程中，过剩的硅醇和苯丙乳液之间会发生缩合，反应如下：

$$Si—OH+Si—OH \longrightarrow Si—O—Si+H_2O$$

$$(C_{11}H_{12}O_2)_n+nSi—OH \longrightarrow (C_{11}H_{12}O_2Si)_n+nH_2O$$

通过聚合反应，在热浸镀锌钢板上形成了一层结合力很强的 Si—O—Zn、Si—O—Si、$(C_{11}H_{12}O_2Zn)_n$ 化学键，这些化学键与基体结合紧密，降低基体锌的表面活性，阻止腐蚀介质向基体的渗透，以阻碍腐蚀的发生。同时在 Si—O—Zn、Si—O—Si 或 $(C_{11}H_{12}O_2Zn)_n$ 膜的上部由于硅醇或苯丙乳液之间的缩合反应，形成了 Si—O—Si 和 $(C_{11}H_{12}O_2Si)_n$ 网状结构膜，这层膜起到了阴极屏蔽作用，可以有效地阻碍腐蚀介质向基体的渗透，防止腐蚀的发生。

其次，在锌溶解过程中，钝化剂中的无机金属离子(如 Ti、V)会与 OH^- 发生反应生成不溶的 $Ti(OH)_4$[120]。无机金属离子与 Zn 结合成化学键，以阻碍腐蚀的发生和发展，提高金属的耐蚀性。

$$Ti^{4+} + OH^- \longrightarrow Ti(OH)_4$$
$$SiO_2 + F \longrightarrow Si—F$$
$$Zn + NH_4VO_3 \longrightarrow Zn—V$$

在复合钝化膜中添加的缓蚀剂能够与硅烷很好地兼容，当金属表面有缺陷或者发生腐蚀时，缓蚀剂可以渗透到这些地方，抑制腐蚀的发生和发展，也对钝化膜起到一定的自愈效果。因此，在钝化剂表面不会形成大量的 ZnO 或 Ti(OH)$_4$。这些氢氧化物可以和钝化剂中的 SiF$_6^-$ 离子反应生成夹杂物氧化膜，这些物质可以填充在网状的钝化膜层中间，缓和了膜层的表面应力，从而改善了裂纹、气泡等缺陷，使钝化膜更加致密，提高钝化膜的耐腐蚀性能。

8.5.2　钝化膜的腐蚀机理

钝化膜的腐蚀过程可以简单地归纳为以下几步。

1. 网状膜层的断裂溶解

钝化膜层在腐蚀介质长期侵蚀下，如中性盐雾试验中，钝化膜层在中性盐水的长期腐蚀下，钝化膜的外层网状钝化膜会发生断裂、溶解等，形成多孔疏松的形貌，钝化膜的结合力较强的网状结构破坏，耐蚀性严重降低。

2. 腐蚀产物的形成

随着腐蚀的进行，氯离子和氧原子等腐蚀性介质慢慢渗透到基体，在基体锌被腐蚀后生成碱式氯化锌[121]，所以在 XRD 检测中有碱式氯化锌、氧化锌等附着在基体表面，使热浸镀锌钢板遭到破坏。

第 9 章　钢板热浸镀锌表面锌花的生成及大小控制的研究

9.1　引　　言

钢铁作为国民生产中的一项重要的结构材料，一直以来被广泛地应用于建筑、汽车和家电等行业，但大多数的环境中其耐蚀性都比较低。为了有效地保护钢铁材料，现代工业生产中广泛采用钢铁表面的热浸镀锌技术，它具有保护性好和生产成本低的优势。

由于锌液成分及热浸镀条件的不同，镀锌层表面往往会有锌花产生。为了探究合金元素对镀层有无锌花产生和耐蚀性的影响及热浸镀条件对锌花大小的控制，本试验通过向纯锌镀层中依次添加质量分数分别为 0wt%、0.05wt%、0.10wt%、0.15wt%、0.20wt%、0.25wt%、0.30wt%、0.35wt%的锑(Sb)元素，采用数码相机、金相显微镜(OM)、扫描电镜(SEM)、中性盐雾试验、电化学测试等检测方法，综合研究 Sb 对锌镀层的锌花生成及微观结构和耐腐蚀性的影响及锌花大小的控制。

用数码相机拍摄的镀层宏观形貌表明，添加 Sb 后的镀层有锌花产生，并且随着 Sb 含量的增加锌花有变大的趋势；金相显微镜检测表明，未添加 Sb 的纯锌镀层，未发现有锌花出现；添加 Sb 元素后，镀层出现条纹形羽毛状的锌花和六角星形树枝晶结构锌花，相邻的一次树枝晶晶臂夹角 α 大致为 $60°$，表面光亮；宏观观察和扫描电镜检测表明：添加 Sb 后的镀层锌花可以分为亮锌花、羽毛状锌花和暗锌花。中性盐雾试验和电化学测试表明，添加 Sb 后的镀层由于锌花的产生，耐蚀性较纯锌镀层有所下降，但变化不太显著。

通过改变部分试验条件控制镀层锌花大小的试验表明，增加热浸镀时间能够略微减小锌花的尺寸，但会使镀层存在一些缺陷；提高钢板的提拉速度，有利于镀层减薄且表面平整，与此同时，缩短了镀层的结晶时间，能够使锌花的尺寸减小；但由于结晶核的存在，改变冷却方式虽然能带来镀层表面锌花尺寸的极大变化，但是从根上仍然无法彻底消除锌花。

基于以上的研究结论，试验制得的 Zn-0.2Al-0.25Sb 镀层锌花较大且分布均匀，对锌花的形成及形貌也有一定的研究，通过改变工艺条件也最终制得了小锌花镀层，锌花大小在一定程度上得到了控制。

9.2　不同 Sb 含量对 Zn-0.2Al 镀层形貌及耐蚀性的影响

锌花是热浸镀锌板的标志之一，但锌液中只有含 Pb、Sb 和 Sn 时，热浸镀锌板面才会出现锌花，由于 Pb 有毒、Sn 太贵，目前普遍采用的是锌液中加 Sb。锌花大小与 Sb 的加入量有关，在一定范围内，含量越大，形成的锌花就越大。

通过以上的具体分析及实验室前期的研究成果，发现向镀层中添加合金元素进行热浸镀的方案是可行的。因此本章首先研究向纯锌中添加不同含量的 Sb 元素对纯锌镀层的表观质量的影响；通过 OM、SEM 等检测手段研究加入 Sb 后对镀层表面微观结构的影响，观察分析添加 Sb 元素后产生的锌花大小变化及其形貌特点；通过中性盐雾试验、电化学测试手段研究不同形貌及大小的锌花对镀层耐腐蚀性的影响。

9.2.1　Sb 元素对镀层宏观形貌的影响

本试验通过向纯锌镀层合金中添加不同含量的 Sb 元素，利用熔剂助镀法制得了不同成分的合金镀层，选取添加 Sb 元素前后其中三种镀层的宏观照片如图9.1 所示，观察镀层的表观形貌变化。

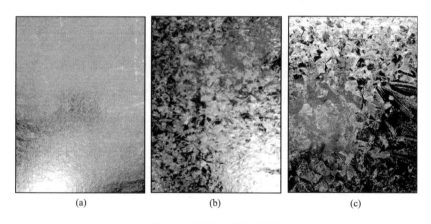

图 9.1　镀层表面宏观照片

(a) Zn；(b) Zn-0.1Sb；(c) Zn-0.25Sb

结合试验情况来看，熔剂助镀工艺非常适合于本镀层，热浸镀后的钢板镀层结合良好，各个镀层没有漏镀现象出现。由图可以看出，未添加 Sb 的纯锌镀层表面光滑平整［图 9.1(a)］；添加 Sb 后的 Zn-0.1Sb 镀层均匀平整，表面开始出现细小花纹，少许部位出现的轻微不平整，可能是在热浸镀过程中提拉钢板时的抖动造成的，经过光整处理即可得到合格的镀层。添加 Sb 后的 Zn-0.25Sb 镀层均匀平整，并且有较大的锌花出现。结合试验过程中的各种镀层表观变化可以大致看出，合金镀层中添加 Sb 元素导致锌花的出现。

9.2.2　添加不同 Sb 元素含量的金相显微形貌

图 9.2 是不同 Sb 含量的镀层在金相显微镜下的表面形貌。图 9.2(a)所示是未添加 Sb 的纯锌镀层，未发现有各种形貌的锌花出现；图 9.2(b)是添加少量的 Sb 元素后的镀层形貌，由金相图可以看出，镀层中出现了条纹形羽毛状的锌花，并且锌花均匀一致；进一步增大 Sb 元素的含量到 0.25%时，如图 9.2(c)所示，镀层中出现优美的六角星形树枝晶结构锌花，即雪花状锌花。相邻的一次树枝晶晶臂夹角 α 大致为 60°，表面光亮，有明显的树枝晶结构，二次树枝晶结构也发展得很好，部分区域甚至可以很清晰地看到三次树枝晶晶臂；图 9.2(d)所示为 Sb 含量为 0.35%时的锌花形貌，由图可以看出，镀层中锌花的最大相邻一次树枝晶晶臂之间的夹角小于 60°，图中也可以看到锌花的二次晶臂、三次晶臂，但部分区域锌花毫无光泽、灰暗粗糙。

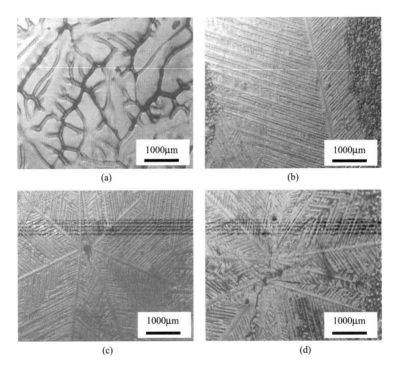

图 9.2　不同 Sb 添加量的 Zn-Sb 镀层金相图

(a)Zn；(b)Zn-0.15Sb；(c)Zn-0.25Sb；(d)Zn-0.35Sb

9.2.3　不同 Sb 含量镀层表面微观形貌分析

图 9.3 为 Sb 添加前后纯锌镀层表面微观形貌变化的 SEM 图。

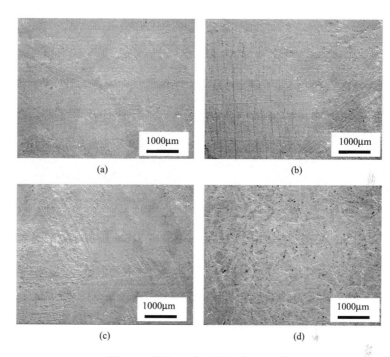

图 9.3　不同 Sb 含量镀层的 SEM 图

(a) Zn-0.05Sb；(b) Zn-0.15Sb；(c) Zn-0.25Sb；(d) Zn-0.35Sb

图 9.3(a) 中，当 Sb 的添加量为 0.05% 时，镀层表面均匀地出现少量的锌花，且锌花形状很小；当 Sb 含量增加到 0.15% 时，可以明显地看到羽毛状的枝晶结构；图 9.3(c) 中，锌花的大小进一步增大，分布逐渐覆盖了镀层大量表面，出现了雪花状的锌花，同金相结构一致；当 Sb 含量增大到 0.35% 时，如图 9.3(d) 所示，镀层表面出现大块片状锌花，锌花变得不够均匀。

9.2.4　镀层表面锌花形貌

Zn-0.25Sb 镀层表面呈现出不同形貌的锌花，其外观形貌如图 9.4 所示。从外观上可以看到三种不同形状的锌花，包含亮锌花（shiny）、羽毛状（feathery）锌花、暗锌花（dull）。

用扫描电子显微镜进一步观察锌花的表面，发现其锌花外观形状各异。图 9.5 是扫描电子显微镜下观察的锌花形貌。不同的锌花其尺寸、光亮度、粗糙度等均存在较大差异。根据锌花表面形貌的差异大体上也可观察到三种形貌的锌花：亮锌花、羽毛状锌花和暗锌花。

图 9.4　热浸 Zn-0.25Sb 镀层典型的外观形貌

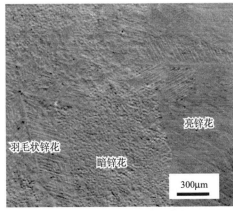

图 9.5　锌花扫描电子显微镜下的表面形貌

　　对三种不同形貌的锌花进一步观察，结果如图 9.6 所示。

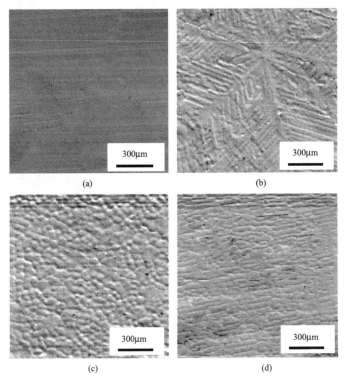

(a)　　　　　　　　　　　(b)

(c)　　　　　　　　　　　(d)

图 9.6　不同锌花的表面形貌

(a)亮锌花；(b)羽毛状锌花；(c)锯纹状暗锌花；(d)屋脊状暗锌花

如图 9.6(a)所示为亮锌花,其表面较平坦光亮,表面对光线具有较强的反射能力;羽毛状锌花表面呈现清晰的条状起伏的二次晶臂,羽毛状锌花由光亮的树枝晶晶臂和灰暗的区域交替组合而成,如图 9.6(b)所示;图 9.6(c)和图 9.6(d)所示均为暗锌花形貌,其中图 9.6(c)呈锯纹状(dimpled)起伏,其表面粗糙不平,图 9.6(d)为屋脊状(ridged)暗锌花,其表面也粗糙不平,类似屋脊状线性排列,如未特别说明,本书中的暗锌花均以锯纹状锌花为代表。

9.2.5　不同 Sb 含量镀层中性盐雾试验

中性盐雾试验是检验镀层耐蚀性最直观、最快速、重现性及操作性最好的方法。本试验首先对制备好的不同 Sb 含量的镀层进行盐雾腐蚀试验,根据镀层腐蚀前后的质量变化,采用失重法研究镀层的耐蚀性。

在进行了 72h 连续喷雾试验后,不同 Sb 含量的 Zn-Sb 镀层表面宏观变化如图 9.7 所示,镀层前后质量的变化及腐蚀速度的大小如表 9.1 所示。试验过程中选取三组平行试样,表中的试样表面积及腐蚀量均为三组平行样的平均值。

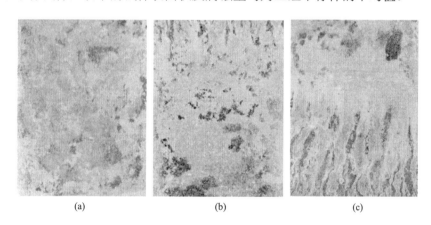

(a)　　　　　　　　　　(b)　　　　　　　　　　(c)

图 9.7　经过 72h 中性盐雾试验后的 Zn-Sb 镀层照片

(a)Zn;　(b)Zn-0.25Sb;　(c)Zn-0.35Sb

为了更加直观地观察镀层耐蚀性的变化情况,依据表 9.1 的数据绘制了相应的折线统计图,如图 9.8 所示。镀层的具体编号如表 9.1 所示。

表 9.1　不同 Sb 含量的 Zn-0.2Al 镀层腐蚀速度

试验编号	镀层种类	表面积/mm²	腐蚀量/g	腐蚀速度[g/(m²·h)]
1	Zn-0.2Al	8672	0.5333	0.8542
2	Zn-0.2Al-0.05Sb	8754	0.5398	0.8565
3	Zn-0.2Al-0.1Sb	8908	0.5506	0.8584

试验编号	镀层种类	表面积/mm²	腐蚀量/g	腐蚀速度[g/(m² · h)]
4	Zn-0.2Al-0.15Sb	9072	0.5622	0.8608
5	Zn-0.2Al-0.2Sb	9096	0.5645	0.8619
6	Zn-0.2Al-0.25Sb	8874	0.5509	0.8622
7	Zn-0.2Al-0.3Sb	8964	0.5569	0.8628
8	Zn-0.2Al-0.35Sb	8942	0.5557	0.8631

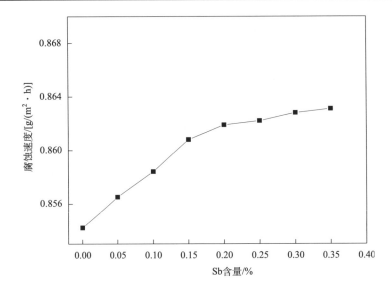

图 9.8　不同 Sb 含量的 Zn-0.2Al 镀层腐蚀速度

由试验数据和腐蚀速度变化图可知,在盐雾试验中,最初的 Zn-0.2Al 镀层的腐蚀速度为 $0.8542g/(m^2 \cdot h)$,当加入少量的 Sb 后,镀层的腐蚀速变化不大,当 Sb 含量进一步增加时,镀层的腐蚀速度逐渐呈现出升高的趋势。随着 Sb 含量的进一步增加,镀层的腐蚀速度不断增加。整体来看,添加 Sb 元素后的镀层耐腐蚀性有所下降,但整体变化不大。因此,在热浸镀过程中,向镀层中加入适量的合金元素 Sb,有助于在镀层表面产生锌花,增加其美观性,但对于镀层的耐蚀性,反而会有所不利,因此,在实际应用中,在保证美观的前提下,尽可能少地添加 Sb 元素。

9.2.6　不同 Sb 含量镀层电化学分析

根据电化学的有关理论知识,本试验利用动电位极化测试研究 Sb 对 Zn-0.2Al 镀层电化学性能的影响。

　　动电位扫描法是一种稳态情况下测量强极化区曲线的方法，它以极化电流作主变量，通过改变外加电流值来测定相应的电极电位。通过对镀锌层的极化曲线的测量，研究其在所测量的电位区间的动力学特征，比较其极化曲线的异同。

　　试验采用三电极体系，饱和甘汞电极作参比电极，铂电极作对电极，镀锌钢板作工作电极。试验在室温下进行，工作电极先在 3.5% NaCl 溶液中浸泡 10min，测出稳定的开路电位。然后在开路电位正负 200mV 内，以 2mV/s 的速度对镀层进行阴极极化和阳极极化扫描，用电化学工作站自带的分析软件估算自腐蚀电流 I_{corr}，并根据镀层试样的实际面积计算其电流密度，以此评定镀层的腐蚀速度。

　　表 9.2 为不同 Sb 含量的 Zn-0.2Al 镀层由极化曲线推算的相关数据，图 9.9 为不同样品的极化曲线图。

表 9.2　极化曲线处理的数据

镀层编号	镀层类别	$I_{corr}/(mA/cm^2)$	E_{corr}/V vs.SCE
1	Zn-0.2Al-0.05Sb	6.616	−1.020
2	Zn-0.2Al-0.1Sb	6.660	−1.046
3	Zn-0.2Al-0.15Sb	7.043	−1.149
4	Zn-0.2Al-0.2Sb	7.398	−1.039
5	Zn-0.2Al-0.25Sb	7.833	−1.048
6	Zn-0.2Al-0.3Sb	10.897	−1.012
7	Zn-0.2Al-0.35Sb	25.674	−1.011

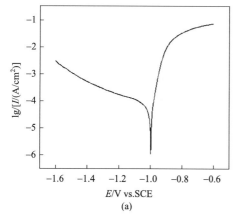
(a)

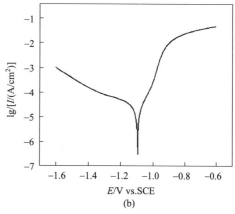
(b)

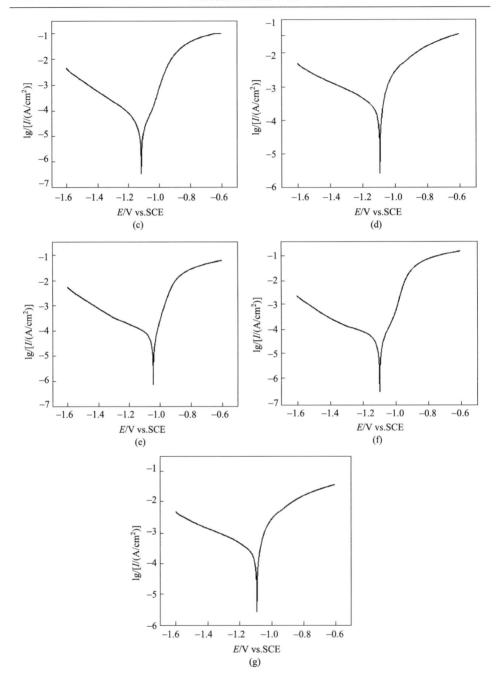

图 9.9　不同 Sb 添加量的 Zn-0.2Al 镀层极化曲线

由图 9.9 可以看出，添加不同含量 Sb 的镀层的极化曲线形状大致相同。研究
表 9.2 发现，各种镀层的自腐蚀电位也基本相同，大致在–1.05V vs.SCE 左右，只

是由于镀层的成分不尽相同，在腐蚀电流方面表现出一定的差异，而不同的腐蚀电流表明镀层的腐蚀速度不同，从腐蚀动力学角度来看，耐腐蚀性取决于腐蚀电流的大小，腐蚀电流越小，耐腐蚀性越好。因此由表 9.2 可知，Sb 的加入量逐渐增加，镀层的腐蚀电流逐渐增大，当 Sb 的加入量达到 0.25wt% 之前，镀层的腐蚀电流增加速度缓慢，为 $7.833mA/cm^2$。当 Sb 的加入量大于 0.25wt% 后，腐蚀电流的增大幅度变大，说明若要保证镀层的耐蚀性较好，Sb 的加入量尽可能不超过 0.25wt%。

9.3　不同工艺条件对 Zn-0.25Sb 镀层锌花大小的控制

在以往镀锌所采用的锌锭中，都或多或少含有一定量的铅或锑，这主要是由于在锌矿的冶炼、蒸馏和冷凝过程中，锌铅总是共同存在。因此，人们总能看到镀锌产品表面的锌花图案。近年来，通过采用电解回收方法生产出来的锌的纯度可达 99.99% 以上，使锌内不再存在铅。因此，从理论上来讲，镀锌厂家可通过采用无铅或低铅工艺来生产无锌花产品。但值得注意的是，现实中由于各种因素的影响，生产无锌花产品并非易事。参考现有的文献可知，在热浸镀过程中，影响镀层锌花大小的因素，概括起来主要包括以下几个方面：

(1) 热浸镀锌用基板的表面粗糙度的影响。基板表面的粗糙度不同，则镀层的黏附性有差别。基板表面粗糙度越大，其镀层的黏附性越好，则形成锌花越小。影响基板表面粗糙度的因素有酸洗时间、轧辊的粗糙度、基板的厚度等，酸洗时间越长、轧辊的粗糙度越大、基板的厚度越薄，则镀层的黏附性越好，形成的锌花越小。

(2) 锌液成分的影响。锌液中只有含铅、锑和锡时，热浸镀锌板面才会出现锌花，由于铅有毒、锡太贵，目前普遍采用的是锌液中加锑。锌花大小与锑的加入量有关，加入量越大，形成晶核的数目越少，最终晶粒长大，形成的锌花就越大。

(3) 镀锌工艺的影响。锌花的大小除与锌花生成的时间有关系，还与机组运行速度、镀层厚度、气刀到锌锅液面的距离、气刀刀唇到带钢的距离、气刀的风速和风量、锌液温度及其带钢入锌锅的温度等因素有关。

本章试验是在第 8 章研究的基础上，挑选出锌花较大并且形貌均匀的 Zn-0.2Al-0.25Sb 镀层为研究对象，在此镀层成分确定的基础上，通过改变工艺参数来研究对镀层锌花大小的影响，具体来讲包括改变热浸镀时间、调整钢板提拉速度和冷却方式三个方面，最终期望获得无锌花或小锌花的镀层钢板。

9.3.1　不同热浸镀时间对 Zn-0.2Al-0.25Sb 镀层锌花大小的影响

由于考虑到钢板基体在热浸镀的过程中会与镀液发生反应，时间不同，反应的程度也有所不同，这将对镀层的形成带来一定的影响，因此本节试验是在热浸镀温度及其他条件不变的前提条件下，单一地改变钢板在镀液中的热浸镀时间，进而探讨时间对镀层形貌的影响，具体的试验参数如表 9.3 所示。

按照表 9.3 所示的试验条件在不同时间下进行热浸镀，在空气中进行自然冷却，所得的镀层宏观形貌如图 9.10 中的 (a)、(b) 和 (c) 镀层所示。

表 9.3　热浸镀 Zn-0.2Al-0.25Sb 镀层的相关参数

参数类别	试验用参数
热浸镀时间	10s、15s、20s
钢板运行速度	1.2m/s
冷却方式	空冷
镀液成分	Zn-0.2Al-0.25Sb
热浸镀温度	480℃
气刀压力/缝隙	0.02MPa/2mm
气刀与钢板的距离	3cm
气刀角度	−5°
气刀与液面距离	20cm

由图 9.10 可以看出，不同的热浸镀时间对镀层表面的形貌会有一定的影响。图 9.10(a) 是在热浸镀时间为 10s 的镀层，由图可以看出镀层表面有锌花产生，锌花较大且表面平整；图 9.10(b) 镀层的热浸镀时间为 15s，此时镀层表面依然有锌花产生，大小变化不大，但在镀层的下端，镀层表面变得不平整，有结瘤产生；当热浸镀时间达到 20s 时，如图 9.10(c) 所示，镀层表面质量变得很差，有漏镀等缺陷产生，较平整的区域内依然有锌花产生，估计是由于钢板与镀液接触时间过长，破坏了助镀剂。整体来讲，提高热浸镀时间略微减小了锌花的尺寸，但会使镀层存在一些缺陷。

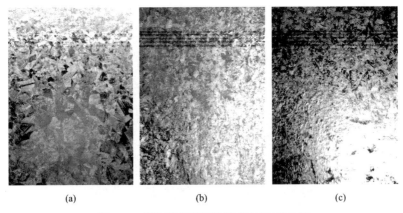

　　　　(a)　　　　　　　　　　(b)　　　　　　　　　　(c)

图 9.10　不同热浸镀时间的镀层宏观形貌

(a)10s；(b)15s；(c)20s

9.3.2　不同的提拉速度对 Zn-0.2Al-0.25Sb 镀层锌花大小的影响

　　锌花的大小与锌花生成的时间有关系，锌花生成的时间越长，锌花越大。而在本试验中，不同的提拉速度，会影响锌花的生成时间，因此本节试验是在其他条件不变的前提条件下，通过改变钢板从镀液中被提起的速度，进而其对镀层形貌的影响，具体的试验参数如表 9.4 所示。

表 9.4　热浸镀 Zn-0.2Al-0.25Sb 镀层的相关参数

参数类别	试验用参数
提拉速度	0.5m/s、1.0m/s、2m/s
热浸镀时间	10s
冷却方式	空冷
镀液成分	Zn-0.2Al-0.25Sb
热浸镀温度	480℃
气刀压力/缝隙	0.02MPa/2mm
气刀与钢板的距离	3cm
气刀角度	−5°
气刀与液面距离	20cm

　　按照表 9.4 所示的试验条件在不同的提拉速度条件下进行热浸镀，在空气中进行自然冷却，所得的镀层宏观形貌如图 9.11 中的(a)、(b)和(c)镀层所示。

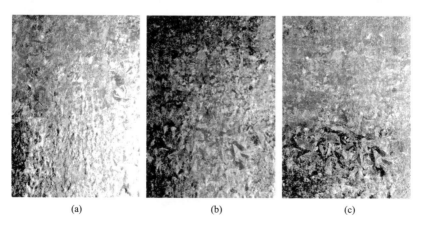

(a)　　　　　　　　　　(b)　　　　　　　　　　(c)

图 9.11　不同提拉速度所得镀层宏观形貌

(a)0.5m/s；(b)1.0m/s；(c)2.0m/s

由图 9.11 可以看出,不同的提拉速度对镀层表面的形貌影响较大。由图 9.11(a)可以看出,在提拉速度较慢时,由于镀层表面多余的镀液没有及时被气刀抹去,镀层较厚且极不平整,因此也无法完整地看出锌花的形貌;由于加大了提拉速度,图 9.11(b)镀层的表面此时变得较为平整且有所减薄,镀层表面锌花明显,大小适中;当提拉速度达到 2.0m/s 时,如图 9.11(c)所示,镀层表面再次被减薄,镀层的锌花轮廓清晰可见,锌花有所减小,但依然有较多的锌花存在。由以上条件可知,提高钢板的提拉速度,有利于镀层减薄且表面平整,与此同时,缩短了镀层的结晶时间,能够使锌花的尺寸减小。

9.3.3　不同冷却方式对 Zn-0.25Sb 镀层锌花大小的影响

结晶时间越长,越有利于锌花的慢慢长大,因此,本节试验通过改变镀层的冷却方式,研究冷却方式对镀层锌花大小带来的影响,具体的试验参数如表 9.5 所示。

表 9.5　热浸镀 Zn-0.2Al-0.25Sb 镀层的相关参数

参数类别	试验用参数
冷却方式	保温缓冷、空冷、吹气急冷
钢板运行速度	1.2m/s
热浸镀时间	10s
镀液成分	Zn-0.2Al-0.25Sb
热浸镀温度	480℃
气刀压力/缝隙	0.02MPa/2mm
气刀与钢板的距离	3cm
气刀角度	−5°
气刀与液面距离	20cm

按照表 9.5 所示的试验条件在不同的冷却方式下进行热浸镀,所得的镀层宏观形貌如图 9.12 中的(a)、(b)和(c)镀层所示。

由图 9.12(a)可以看出,在保温的冷却方式条件下,给予锌花充分的生成时间,使得锌花较大且形状较为丰富;相比之下,自然条件下的室温冷却减小了一部分冷却时间,镀层的锌花变小了一些,但是依然很明显;当对提拉出的钢板进行快速的吹风冷却时,极大地减小了锌花的生成时间,使得一个个花朵被打碎,变成了细小的锌花,如图 9.12(c)所示。但由于结晶核的存在,改变冷却方式虽然能带来镀层表面锌花尺寸的极大变化,但是从根上仍然无法彻底消除锌花。

图 9.12　不同冷却方式所得镀层宏观形貌

(a)保温缓冷；(b)空冷；(c)吹气急冷

参 考 文 献

[1] 周巍. 热浸 Zn-Ni-V 合金镀层组织与性能的研究[D]. 广州: 华南理工大学, 2009.

[2] Ramus Moreira A, Panossian Z. Zn/55Al coating microstructure and corrosion mechanism [J]. Corrosion Science, 2006, (48): 564-576.

[3] 刘秀晨, 安成强. 金属腐蚀学 [M]. 北京: 国防工业出版社, 2002, 9: 318.

[4] Chelen C W. Development and application of the Lysaght mini-galvanizing line [J]. Iron & Steel Engineer, 1987(2): 36-39.

[5] 程国平, 袁明生, 等. 国外热镀锌技术最新发展趋势[C]. 第六届中国热浸(渗)镀学术技术交流会论文集(上海), 2001(11): 1-8.

[6] 肖莹莹. 浅谈热浸镀工艺[J]. 科技信息, 2010, (15): 23.

[7] 陈军. 热浸镀铝合金层影响因素分析[J]. 新技术新工艺, 1999, (1): 26-28.

[8] Ricards R W, Clarke H. Analysis of galvanized coatings[C]. Proceedings of the 17th International Galvanizing Conference(Paris), 1994, GC8/1-8/16.

[9] 龙有前, 肖鑫, 钟萍, 等. Zn-Al 合金镀层耐蚀性研究[J]. 腐蚀科学与防护技术, 2006, 18(3): 217-219.

[10] Fried J J. Atmospheric corrosion products on Al, Zn and Al-Zn metallic coatings[J]. Corrosion, 1986, 42(17), 422.

[11] Shawki S, Hamid Z A. Effect of aluminium content on the coating structure and dross formation in the hot-dip galvanizing process [J]. Surface and Interface Analysis, 2003, (35): 943-947.

[12] 卢锦堂, 江爱华. 热镀 Zn-Al 合金镀层的研究进展[J]. 材料保护, 2008, 41(7): 47-52.

[13] Li Q, Zhao Y Z, Luo Q, et al. Experimental study and phase diagram calculation in Al-Zn-Mg-Si quaternary system[J]. Journal of Alloys and Compounds, 2010, 501(2): 282-290.

[14] 高桥务. Zn-Al 系合金的晶界腐蚀[J]. 防蚀技术, 1983, (32): 424-442.

[15] 于萍. 钢基表面热镀 Zn-Mg 合金镀层化学组成与电化学腐蚀行为的研究[J]. 材料工程, 2008, (3): 63-66.

[16] 李世伟, 高波, 涂赣峰, 等. Mg 对 Galvalume 镀层微观结构、耐蚀性和成形性的影响[J]. 东北大学学报(自然科学版), 2013, 34(8): 1136-1139.

[17] 李焰, 魏绪钧, 冯法伦. 微量 T 和 Mg 对热镀锌钢丝耐海水腐蚀性能的影响. 国际表面工程与防腐蚀技术研讨会, 2001:165-167.

[18] 方舒, 魏云鹤, 李长雨, 等. 稀土、铝、镁对热镀锌基合金镀层耐蚀性能的影响[J]. 材料保护, 2011, 42(2): 7-9.

[19] 宋人英, 王兴杰, 姜深, 等. 稀土在锌合金中的作用[J]. 中国稀土学报, 1995, 13: 479-483.

[20] 从善海, 熊志红, 王亮, 等. 稀土 Ce 对 Zn-Al-Mg 合金组织和耐蚀性能的影响[J]. 武汉科技大学学报, 2008, 31(3): 323-327.

[21] 章钢娅, 林云青, 卢再亮. Q235 钢在不同湿度红壤中的腐蚀形貌研究[J]. 中国农学通报, 2010, 26(20): 393-396.

[22] 孔纲, 卢锦堂, 许乔瑜. 热浸镀锌助镀工艺的研究与应用[J]. 材料保护, 2005, (8): 56-59.

[23] 林凯, 张则平, 黄俊, 等. TC4 表面热浸镀 55%Al-Zn 合金工艺研究[J]. 材料热处理技术, 2011, 40(8): 134-137.

[24] 黄跃进. Zn-5%Al-RE 合金镀层钢丝的形貌和耐腐蚀分析[J]. 腐蚀与防护, 2003, 4(18): 28-31.

[25] Zhang Q F, Huang J Z, Zhao P, et al. Development of continuous strip steels coated and plated technology [J]. Journal of Iron and Steel Research, 2001, (10): 41-44.

[26] 肖薇, 陈军. 高耐腐蚀 ZAM 板的试验与分析[J]. 环境腐蚀, 2009: 6-10.

[27] Atsushi K. Corrosion resistance and protection mechanism of hot-dip Zn-Al-Mg alloy coated steel sheet under accelerated corrosion environment [J]. Tetsu to Hagane, 2000, 86(8): 534-541.

[28] 周有福. 极好的耐腐蚀 Zn-Al-Mg-Si 合金热浸镀锌薄钢板[J]. 武钢技术, 2004, 42(2): 56-57.

[29] Yasuhide M, Kazumi N, Akira T, et al. Excellent corrosion resistant Zn-Al-Mg-Si alloy hot-dip galvanized steel sheet "SUPER DYMA" [J]. Nippon Steel Technical Report, 87, 2003: 24-26.

[30] 熊自柳, 张雲飞, 姜涛. 锌铝合金镀层的性能特点与发展现状[J]. 河北冶金, 2012(4): 8-11, 24.

[31] 高波, 朱广林, 李世伟, 等. 热浸镀锌铝系列合金镀层的研究进展[C]. 2013 年全国博士生学术论坛, 2003: 706-709.

[32] Morimoto Y, Kurosaki M, Honda K, et al. The corrosion resistance of Zn-11%Al-3%Mg-0.2% Si hot-dip galvanized steel sheet[J]. Tetsu to Hagane, 2003, 89(1): 161-165.

[33] Honda K, Ushioda K, Yamada W. Influence of Si addition to the coating bath on the growth of the Al-Fe alloy layer in hot-dip Zn-Al-Mg alloy-coated steel sheets[J]. ISIJ International, 2011, 51(11): 1895-1902.

[34] Yang D, Chen J S, Han Q, et al. Effects of lanthanum addition on corrosion resistance of hot-dipped galvalume coating[J]. Journal of Rare Earths, 2009, 27(1): 114-118.

[35] Rosalbino F, Angelini E, Macciò D, et al. Influence of rare earths addition on the corrosion behaviour of Zn-5%Al(Galfan)alloy in neutral aerated sodium sulphate solution[J]. Electrochimica Acta, 2007, 52(24): 7107-7114.

[36] Amadeh A, Pahlevani B, Heshmati-Manesh S. Effects of rare earth metal addition on surface morphology and corrosion resistance of hot-dipped zinc coatings[J]. Corrosion Science, 2002, 44(10): 2321-2331.

[37] Pistofidis N, Vourlias G, Konidaris S, et al. The combined effect of nickel and bismuth on the structure of hot-dip zinc coatings[J]. Materials Letters, 2007, 61(10): 2007-2010.

[38] 石焕荣, 魏无际, 丁毅, 等. 热镀锌和锌铝合金镀层的微观组织及盐雾腐蚀行为[J]. 材料保护, 2002, 35(3): 35-36.

[39] Hosking N C, Ström M A, Shipway P H, et al. Corrosion resistance of zinc-magnesium coated steel[J]. Corrosion Science, 2007, 49(9): 3669-3695.

[40] El-Sayed A R, Shaker A M, El-Lateef H M A. Corrosion inhibition of tin, indium and tin-indium alloys by adenine or adenosine in hydrochloric acid solution[J]. Corrosion Science, 2010, 52(1): 72-81.

[41] El-Sayed A R, Harm U, Mangold K M, et al. Protection of galvanized steel from corrosion in NaCl solution by coverage with phytic acid SAM modified with some cations and thiols[J]. Corrosion Science, 2012, 55: 339-350.

[42] Tsujimura T, Komatsu A, Andoh A. Influence of Mg content in coating layer and coating structure on corrosion resistance of hot-dip Zn-Al-Mg alloy coated steel sheet[C]. Proceedings of the Galvatech'01, International Conference on Zinc and Zinc Alloy Coated Steel, Brussels, 2001: 145-152.

[43] Shimizu T, Yoshizaki F, Miyoshi Y, et al. Corrosion products of hot-dip Zn-6%Al-3%Mg coated steel sheet subjected to atmospheric exposure[J]. Tetsu to Hagane, 2003, 89(1): 166-173.

[44] 王文忠. 钢铁件热镀锌[J]. 电镀与环保, 2002, 22(2): 15-16.

[45] Schürz S, Luckeneder G H, Fleischanderl M, et al. Chemistry of corrosion products on Zn-Al-Mg alloy coated steel[J]. Corrosion Science, 2010, 52(10): 3271-3279.

[46] Tanaka S, Honda K, Takahashi A, et al. The performance of Zn-Al-Mg-Si hot-dip galvanized steel sheet[C]. Proceedings of the Galvatech'01, International Conference on Zinc and Zinc Alloy Coated Steel, Brussels, 2001: 153-160.

[47] Nishimura K, Shindo H, Kato K, et al. Microstructure and corrosion behaviour of Zn-Mg-Al hot-dip galvanized steel sheet[C]. Proceedings of the Galvatech'98, International Conference on Zinc and Zinc Alloy Coated Steel, Chiba, 1998: 437-442.

[48] García F, Salinas A, Nava E. The role of Si and Ti additions on the formation of the alloy layer at the interface of hot-dip Al-Zn coatings on steel strips[J]. Materials Letters, 2006, 60(6): 775-778.

[49] Wallinder I O, He W, Augustsson P E, et al. Characterization of black rust staining of unpassivated 55% Al-Zn alloy coatings. Effect of temperature, pH and wet storage[J]. Corrosion Science, 1999, 41(12): 2229-2249.

[50] Rincón O D, Rincón A, Sánchez M, et al. Panosian Z. Evaluating Zn, Al and Al-Zn coatings on carbon steel in a special atmosphere[J]. Construction and Building Materials, 2009, 23(3):

1465-1471.

[51] Yamamoto S, Kumon F, Taomoto T, et al. Corrosion resistance of pre-painted Zn-6%Al- 3%Mg alloy coated steel sheet[C]. Proceedings of the Galvatech'07, International Conference on Zinc and Zinc Alloy Coated Steel, Osaka, 2007: 659-664.

[52] Wang K L, Zhang Q B, Sun M L, et al. Microstructure and corrosion resistance of laser clad coatings with rare earth elements[J]. Corrosion Science, 2001, 43(2): 255-267.

[53] Campestrini P, Terryn H, Hvestad A, et al. Formation of a cerium-based conversion coating on AA2024: Relationship with the microstructure[J]. Surface and Coatings Technology, 2004, 176(3): 365-381.

[54] Song R Y, Yin S Y, Wang X J, et al. Effects of rare earth on the corrosion resisting performance of zinc-based alloy coatings[J]. Journal of Rare Earths, 1993, 11(1): 32-35.

[55] 卢琳, 李晓刚, 宫丽. 镀锌层无铬(Ⅵ)钝化的现状与发展趋向[J]. 轧钢, 2007, 24(5): 41-44.

[56] 卢锦堂. 无铬钝化的研究进展[J]. 材料保护, 1999, 32(3): 24-26.

[57] 于元春, 李宁, 胡会利. 无铬钝化与三价铬钝化的研究进展[J]. 表面技术, 2005, 34(5): 6-9.

[58] 叶金堆. 新型三价铬钝化技术[J]. 电镀与涂饰, 2006, 25(7): 40-43.

[59] 陈锦红, 任艳萍, 卢锦堂. 镀锌层三价铬钝化的研究进展[J]. 材料保护, 2004, 37(1): 32-35.

[60] Vukasovich M S, Farr J P G. Molybdate in corrosion inhibition-a review [J]. Materials Performance, 1986, 25(5): 551-559.

[61] Bayes A I. Noncorrosive Antifreeze Liquid [P]. US Pat: 214739, 1939.

[62] Lamprey H. Noncorrosive Antifreeze Liquid [P]. US Pat: 214740, 1939.

[63] Robertson W D. Molybdate and tung state as corrosion inhibition and the mechanism of inhibition [J]. Journal of the Electrochemical Society, 1951, 98(3): 102-104.

[64] Pryor M J, Cohen M. The inhibition of the corrosion of iron some anodic inhibitors [J]. Journal of the Electrochemical Society, 1953, 100(5): 79-81.

[65] Bijimi D, Gabe D R. Passivation studies using group VIA anions, Part 3: Anodic treatment of zinc [J]. Corrosion Science, 1983, 18(3): 138-140.

[66] 刘小虹, 颜肖慈. 镀锌层钼酸盐转化膜及其耐蚀机理[J]. 电镀与环保, 2002, 22(6): 17-19.

[67] 郝建军, 安成强, 刘常升. 不同添加剂对镀锌层钼酸盐钝化膜腐蚀电化学性能的影响[J]. 材料保护, 2006, 39(10): 23-25.

[68] Wilcox G D, Gabe D R, Warwick M E. Molybdate passivation treatments for tinplate [J]. Trans IMF, 1988, 66(3): 89-91.

[69] 夏保佳, 张景双, 杨哲龙. 电镀锡-锌合金铬酸盐钝化膜耐蚀机理探讨[C]. 全国电子电镀年会, 1991.

[70] Wharton J A, Wilcox G D, Baldwin K R. Non-chromate conversion coating treatments for electrodeposited zinc-nickel alloys [J]. Trans IMF, 1996, 74(6): 210-213.

[71] 柳承辉, 张英杰, 董鹏, 等. 镀锌层硅酸盐钝化的研究进展[J]. 材料保护, 2003, 46(1): 37-39.

[72] Yuan M R, Lu J T, Kong G. Effect of silicate anion distribution in sodium silicate solution on silicate conversion coatings of hot-dip galvanized steels [J]. Surface & Coatings Technology, 2011, 205(10): 4466-4470.

[73] 韩克平, 叶向荣, 方景礼. 镀锌层表面硅酸盐防腐膜的研究[J]. 腐蚀科学与防护技术, 1997, 9(2): 167-170.

[74] Min J, Park J H, Sohn H K. Synergistic effect of potassium metal siliconate on silicate conversion coating for corrosion protection of galvanized steel [J]. Journal of Industrial and Engineering Chemistry, 2012(18): 655-660.

[75] 蒋馥华, 张萍. 锌镀层稀土钝化处理及其在氯化钠溶液中的溶解[J]. 电镀与涂饰, 1999, 18(4): 1-5.

[76] Brunelli K, Dabala M, Calliari I. Effect of HCl pretreatment on corrosion resistance of cerium-based conversion coatings on magnesium and magnesium alloys [J]. Corrosion Science, 2005, 47(4): 989-1000.

[77] 卢锦堂, 钟正, 孔纲. 热镀锌层镧盐转化膜的结构及其耐蚀性能[J]. 材料保护, 2009, 42(4): 7-9.

[78] Montemor M F, Trabelsi W, Zheludevich M. Modi-fication of bis-silane solutions with rare earth cation for improved steel sub-strates [J]. Progress in Organic Coatings, 2006, 57(2): 67-77.

[79] 周爱军, 曾水娟, 万月. 镀锌层稀土复合钝化膜制备与性能研究[J]. 腐蚀科学与防护技术, 2013, 25(3): 202-206.

[80] Cowieson D R, Scholefield A R. Passivation of tin-zinc alloy coated steel [J]. Trans IMF, 1985, 63(2): 56-58.

[81] Berger R, Bexell U T, Grehk M. A comparative study of the corrosion protective properties of chromium and chromium free passivation methods [J]. Surface & Coatings Technology, 2007, 202(1): 391-397.

[82] 刘洪锋, 何明奕, 王胜民. 热镀锌层铁盐钝化膜耐蚀性能的研究[J]. 材料热处理技术, 2011, 40(18): 138-140.

[83] Heyes P J. Treatment of Tinplate Surfaces [P]. US Pat: 4294627, 1981.

[84] Wilcox G D, Wharton J A. A review of chromate-free passivation treatments for zinc and zinc alloys [J]. Trans IMF. 1997, 75(6): B140-B142.

[85] 潘春阳, 麦海登, 赵国鸿, 等. 镀锌层无铬钝化工艺的研究进展[J]. 材料保护, 2013, 46(5): 39-44.

[86] McConkey B H. Tannin-based rust conversion coatings [J]. Corrosion Australasia, 1995, 20(5):

17-19.

[87] 闫捷. 锌及锌合金镀层的无铬钝化[D]. 哈尔滨: 哈尔滨工业大学, 2005.

[88] Shimakura T, Sasaki M, Yamasoe K, et al. Non-chromate metallic Surface-treating Agent Method for Surface Treatment and Treated Steel Material [P]. US Pat: 6475300, 2002.

[89] Shimakura T, Sasaki M, Yamasoe K. Method for Treating Metallic Surfaces [P]. US Pat: 6572983, 2003.

[90] 张洪生, 杨晓蕾, 陈熹. 植酸用于金属防护的实用技术[J]. 腐蚀与防护, 2002, 23(9): 403-403.

[91] Daniel F. Surface Treatment of Metal Sheet [P]. US Pat: 5925417, 1999.

[92] 张如, 陈穆祖. 硅烷技术在前处理中的实际应用[J]. 工业涂装专利, 2009, 12(4): 46-49.

[93] 阎斌, 陈宏霞, 陈嘉宾. 功能性有机硅烷膜对金属腐蚀防护的研究现状及展望[J]. 材料保护, 2009, 42(3): 54-55.

[94] 周宁林. 有机硅聚合物导论[M]. 北京: 科学出版社, 2000: 69-173.

[95] Montemor M F, Rosqvist A, Fagerholm H. The early corrosion behaviour of hot dip-galvanized steel re-treated with bis-1,2-(triethoxysilyl)ethane[J]. Progress in Organic Coatings, 2004, 51: 188-194.

[96] Trabelsi W, Triki E. The use of pretreatments based on doped silane solutions for improved corrosion resistance of galvanized steel substrates [J]. Surface and Coatings Technology, 2006, 200(14-15): 4240-4250.

[97] Van O W J, Zhu D Q. Electrochemical impedance spectroscopy of bis-[3-(triethoxysily)propyl] tetrasulfide on Al 2024-T3 substrates [J]. Corrosion, 2001, 57(5): 413-427.

[98] Zhu D Q, Van O W J. Corrosion protection of metals by water-based silane mixtures of bis-[trimethoxysilylpropy]amine and vinyltriacetoxy silane [J]. Progress in Organic Coatings, 2004, 49(1): 42-53.

[99] van Ooij W J, Zhu D, Stacy D. Corrosion protection properties of organic functional silanes: An overview [J]. Tsinghua Science and Technology, 2005, 10(6): 639-641.

[100] Child T F, van Ooij W J. Application of silane technology to prevent corrosion of metals and improve paint adhesion [J]. Trans IMF, 1999, 77(2): 64-70.

[101] Ouyang J. Non-chromium Passivation Method for Galvanized Metal Surfaces [P]. US Pat: 5662967, 1997.

[102] 宫丽, 卢琳, 卢燕平. 薄型无铬有机复合涂层钢板耐蚀性的研究[J]. 材料保护, 2008, 41(2): 68-71.

[103] González S, Gil M A, Hernndez J O. Resistance to corrosion of galvanized steel covered with an epoxy-polyamideprimer coating [J]. Progress in Organic Coatings, 2001, 41: 167-170.

[104] 潘琦. 镀锌钢板表面无机与有机复合无铬钝化研究[D]. 武汉: 武汉科技大学, 2013.

[105] ChenZ W, Kennon N F, See J B. Technigalva and other developments in batch hot-dip galvanizing [J]. JOM, 1992, 44(1): 22-26.

[106] Wippermann K, Schultze J W, Kessel R. The inhibition of zinc corrosion by bisaminotriazole and other triazole derivatives [J]. Corrosion Science, 1991, 32(2): 205-207.

[107] 王济奎, 方景礼. 镀锌层表面有机膦合钼聚多酸盐转化膜的研究[J]. 应用化学, 996, 13(5): 73-75.

[108] 王新葵, 李宁, 张景双. 苯骈三氮唑对锌的缓蚀行为[J]. 材料保护, 2002, 35(7): 15-16.

[109] Straus M L. Corrosion Resistant, Zinc Coated Articles [P]. US Pat: 20050181137, 2005.

[110] Ferreira M G S, Duarte R G, Montemor M F. Silanes and rare earth salts as chromate replacers for pretreatments on galvanized steel [J]. Electrochimica Acta, 2004, (49): 27-29.

[111] Montemor M F, Ferreira M G S. Cerium salt activated nanoparticles as fillers for silane films, evaluation of the corrosion inhibition performance on galvanized steel substrates [J]. Electrochimica Acta, 2007, 52: 69-76.

[112] 吴海江, 卢锦堂, 陈锦虹. 热镀锌钢表面硅烷膜耐蚀性能的初步研究[J]. 腐蚀与防护, 2006, 27(1): 14-17.

[113] 卢锦堂, 孔纲, 车淳山. 用于镀锌层防白锈的无铬钝化液及其涂覆力法[P]. 中国专利: 1974842A, 2007.

[114] 普契洛娃. 金属的缓蚀剂[M]. 北京: 化学工业出版社, 1959.

[115] 杨雪莲, 常青. 缓蚀剂的研究与进展[J]. 甘肃科技, 20(1): 79-81.

[116] Palanivel V, Zhu D Q, Ooij W J. Nanoparticle-filled silane film as chromate replacements for aluminum alloys [J]. Progress in Organic Coatings, 2003, 47(3-4): 384-392.

[117] 郑瑞琪. 合成胶粘剂丛书[M]. 北京: 化学工业出版社, 1985.

[118] 刘栋. 热镀锌板硅烷钝化技术与工艺研究[D]. 沈阳: 东北大学, 2008.

[119] Montemo M F, Cabral A M, Zheludkevich M L. The corrosion resistance of hot dip galvanized steel pretreated with bis-functional silanes modified with microsilica [J]. Surface and Coatings Technology, 2006, 200: 2875-2885.

[120] 姜瑞. 热浸镀锌层钛盐转化膜的研究[D]. 广州:华南理工大学, 2010.

[121] Prosek T, Thierry D, Taxen C, et al. Effect of cations on corrosion of zinc and carbon steel covered with chloride deposits under atmospheric conditions [J]. Corrosion Science, 2007, 49(6): 2676-2693.